냠냠티처

유아 식판식

엄마는 편하고 아이는 잘 먹는

냠냠티처 유아 식판식

원세희 지음

비타북스

PROLOGUE

저는 여섯 살 아이의 엄마이자 어린이집 아이들의 식사를 책임지고 있는 '냠냠선생님'입니다. 지금이야 나름 유아식 베테랑이라고 자부할 수 있지만, 처음에는 저 또한 막막한 심정으로 유아식 책을 뒤적이던 초보 엄마였어요. 고맙게도 아이는 엄마의 어설픈 밥을 먹으며 잘 자라주었고 저도 함께 성장해 나갔습니다. 아이가 네 살이던 해, 제가 해준 밥을 먹고 엄지를 척 올리는 모습을 보며 생각했어요. '나중에 어린이집 조리사를 해보면 좋겠다' 그렇게 '냠냠선생님'이 되어 매일 아이들의 오전 간식, 점심, 오후 간식을 준비하고 있습니다. 쉴 틈 없이 바쁘다가도 "잘 먹겠습니다" 하는 아이들의 예쁜 목소리만 들으면 피로가 싹 풀리곤 해요.

가정 보육을 하다가 아이를 어린이집에 보내고 나면 오늘은 아이가 무엇을 먹었는지, 맛있게 먹었는지, 편식은 하지 않았는지 궁금해져요. 아무리 식단표가 있다고 한들 사진으로 보는 것과는 다르잖아요. 냠냠선생님 이전에 엄마로서 그 마음을 잘 알기에, SNS에 그날그날 식판 사진을 올리기 시작했어요. 대부분 일상적인 메뉴라 별다를 것 없다고 생각했는데 생각보다 많은 분들이 레시피를 궁금해했어요. 레시피를 따라 했다는 분들의 이야기를 들을 때마다 감사한 마음과 더 자세히 알려드리지 못해 안타까운 마음이 들어 이렇게 책을 쓰게 됐습니다.

책을 준비하는 초반, 어떤 부분에 초점을 맞춰야 할지 고민이 많았어요. 고백하자면 저는 아이 유아식에 그리 엄격한 편은 아니에요. 유기농 재료를 고집하는 스타일도 아니고, 어린이용 양념이나 식재료를 따로 구비해 쓰는 편도 아니지요. 바쁘면 마트에서 사온 치킨너겟을 튀겨 주고, 때론 볶음밥에 굴소스를 더하기도 해요. 엄마들이 내가 만든 유아식을 좋아해 주는 이유가 뭘까? 찬찬히 SNS를 살펴보던 중 댓글 하나가 눈에 띄었습니다.

"냠냠티처 유아식은 진짜 실용적이에요."

1년 남짓 이어지는 이유식과 달리 유아식은 장기전이에요. 하나하나 공을 들이려고 하면 만드는 사람이 쉽게 지치게 됩니다. 너무 완벽하려고 애쓰지 않아도 돼요. 그렇게 '엄마는 편하고 아이는 잘 먹는' 유아식으로 방향이 결정됐습니다. 먼저, 어린이집에서 아이들이 보편적으로 잘 먹는 메뉴를 선별한 후 어른이 함께 먹어도 좋을 메뉴로 다시 추렸어요. 부득이한 메뉴는 양념을 더해 어른용으로 만드는 방법을 적었습니다. 필요한 경우 시판 소스나 통조림 제품도 사용했습니다. 대신 어떤 제품을 고르는 것이 좋은지, 생략할 경우 어떻게 보완해야 하는지도 함께 넣었어요. 책의 끝에는 상황에 따라 메뉴를 선택할 수 있도록 재료별·종류별 찾아보기, 메뉴 교환표를 넣어 실용성을 더했습니다.

어린이집 부실 급식 문제가 들릴 때마다 조리사로서, 엄마로서 안타깝고 너무나 속이 상합니다. "엄마! 오늘 어린이집에서 맛있는 거 먹었어요"라는 말이 더 많이 들릴 수 있도록 하는 것이, 그 말을 들은 엄마가 집에서 그 음식을 만들어 줄 수 있도록 하는 것이 저의 일이라고 생각합니다. 이 책이 그 길잡이가 되길 진심으로 바랍니다.

끝으로 수개월간 밤마다 주방으로 향하는 엄마에게 "냠냠티처 그만하면 안 돼?" 라고 묻던 사랑하는 예은이에게 미안함과 고마움을 전합니다.

냠냠티처 원세희

CONTENTS

간편하고 든든한 한 그릇 식판식

특별한 날에 어울리는 일품 식판식

엄마 아빠와 함께 먹는

매일 식판식

엄마표 정성 가득 간식 식판식

12개월 전후면 이유식에서 유아식으로 넘어갑니다.

이 시기에 아이들은 본격적으로 취향과 입맛이 형성되기 시작해요.

맛, 식감, 영양 등 챙겨야 할 것이 많은데 아이는 안 먹겠다고 고집을 피우는 통에

종종 큰 소리가 나기도 하지요. 식사 준비는 또 어떻고요. 뭘 넣어야 하는지, 얼마나 줘야 하는지,

메뉴는 어떻게 구성해야 하는지… 신혼 때도 안 하던 요리 고민을 하게 됩니다.

'엄마는 편하고 아이는 잘 먹는' 성공적인 유아식을 위해

먼저 알아두어야 할 것들을 정리했어요.

PART
1

냠냠티처의 유아식 기본 원칙

어떻게 먹여야 할까요?

어른 입에 맞지 않으면 아이 입에도 안 맞아요

유아기 아이들은 엄마가 만들어 주는 음식뿐 아니라 어린이집, 유치원 등을 통해 다양한 맛의 세계를 경험합니다. 이유식은 별 탈 없이 잘 먹던 아이가 엄마표 유아식을 거부한다면, 양념의 종류나 양을 너무 제한하지는 않았는지 살펴보아야 합니다. 엄마가 해 주던 심심한 음식들은 이제 점점 더 성에 차지 않을 테니까요. 그래서 이 시기부터는 본격적으로 '맛있는' 음식을 만들어 주는 것이 중요합니다. 다양한 양념과 재료로 더 풍성한 맛을 느끼게 해 주는 것이지요. 그렇다고 염도, 당도 등을 성인 수준으로 맞춰도 무관하다는 뜻은 아닙니다. 아이가 간이 덜 되거나 밋밋한 양념의 음식을 받아들이지 않을 경우 무리해서 제한하기보다는 맛있게 먹을 수 있도록 해 주는 것이 낫다는 말입니다. 단, 24개월까지의 초기 유아기에는 되도록 간을 하지 않는 것이 좋습니다.

'못 먹게 하는 것'보다 중요한 것은 '건강하게 먹는 것'

밖에서 먹는 진한 맛의 크림 파스타에 길들여진 아이가 우유와 치즈로 맛을 낸 파스타에 만족할 수 있을까요? 소시지, 어묵 등 가공식품은 무조건 못 먹게 하는 것이 답일까요? 위에서 말했듯 유아식으로 넘어간 아이들의 식습관은 점점 엄마의 영향력을 벗어나게 됩니다. 이때 밖에서 흔히 먹던 음식들을 무조건 못 먹게만 하면 아이가 해당 식품에 대해 더욱 집착하는 부작용을 낳을 수 있습니다. 물론 그런 음식을 찾지 않는다면 더할 나위 없이 좋겠지만, 그렇지 않다면 관점을 조금 바꿔 보는 게 어떨까요?

어묵은 어육 함량이 높은 것으로 고르고, 소시지는 조리하기 전에 한 번 데쳐 주세요. 유기농 밀가루를 쓰고, 시판 소스를 사용해야 한다면 나트륨 배출을 돕는 토마토, 고구마 등의 재료를 더하면 됩니다. '피할 수 없으면 건강하게!' 엄마도, 아이도 행복해지는 지름길입니다.

한 끼 한 끼에 너무 공들일 필요 없어요

요즘 엄마들 SNS를 보면 소위 '금손'들이 넘쳐 납니다. 먹기에도 아까울 만큼 예쁜 비주얼에, 메뉴 하나하나 정성은 또 어찌나 대단한지. 그런 유아식을 보고 나면 내 아이에게 미안해지곤 하지요. 식판식이 되면 상황은 더 심해집니다. '이걸 다 뭘로 채우나…' 5칸짜리 식판은 보기만 해도 부담감이 밀려와요. 어린이집에선 늘 밥, 국, 반찬 2~3가지로 식판 다섯 칸을 채우지만, 가정에선 쉽지 않습니다. 어떤 날은 국을 생략하기도 하고, 어떤 날은 반찬을 한 가지만 담기도, 또 어떤 날은 볶음밥 같은 한 그릇 요리로 식판을 채울 수밖에 없죠. 이유식과 달리 유아식은 장기전입니다. 한 끼 한 끼에 너무 매달리고 정성을 쏟으면 만드는 사람이 지치기 쉬워요. 그래서 이 책에는 간단한 죽·수프 식판식부터 한 그릇 식판식, 밥+국+반찬 식판식, 밥+반찬 식판식 등 상황에 따라 고를 수 있도록 다양한 구성의 식판식을 담았습니다. 빈 식판에 괜한 미안한 마음이 들지 않도록 2구, 3구, 5구 식판 하나씩은 구비하길 추천해요.

얼마나 먹여야 할까요?

하루에는 이만큼의 영양소가 필요해요

유아기는 크게 전기 유아기(만 1~2세, 12~36개월)와 후기 유아기인 학령전기(만 3~5세, 37~60개월)로 나눠요. 같은 유아기라도 초기와 후기는 성장 발달 정도의 차이가 큼으로 그에 맞게 유아식을 준비해야 합니다. 각 시기에 특히 신경 써야 할 주요 영양소의 양을 보면 아래와 같아요.

	하루 열량(kcal)	단백질(g)	칼슘(mg)	수분(㎖)
만 1~2세	1,000	15	500	1,100
만 3~5세	1,400	20	600	1,500

출처 : 2015 한국인 영양소 섭취기준

후기 유아기에는 활동량이 많아지는 시기로 열량 섭취가 높아져요. 이때는 김밥이나 주먹밥, 국수류 등 주식에 준하는 간식 섭취가 열량을 채우는 데 도움이 됩니다. 하지만 다음 식사에 영향을 주거나 지나치게 열량이 높아지지 않도록 주의해야 해요. 단백질은 달걀 1개에 약 7g, 닭가슴살 1쪽(100g)에 약 23g, 두부 1/3모(100g)에 약 8.5g, 오징어 1/2마리(100g)에 약 18g 정도가 함유되어 있으니 참고해서 챙겨 주세요. 후기 유아기에는 우유 섭취가 줄어들면서 칼슘 섭취가 감소하기 쉬워요. 칼슘은 멸치, 두유, 두부, 치즈, 브로콜리, 시금치 등에 풍부합니다.

한 끼 식판에는 이만큼씩 담아 주세요

	만 1~2세(12~36개월)	만 3~5세(37~60개월)
밥	1주걱(90g)	1과 1/2주걱(130g)
국	1과 1/2국자(100㎖)	2국자(140㎖)
주찬	1큰술(30g)	1과 1/2큰술(45g)
부찬	1과 1/2큰술(30g)	2큰술(40g)
김치	1/2큰술(10g)	1큰술(20g)

밥 만 1~2세의 경우 잡곡밥은 소화시키기 어려울 수 있어요. 처음에는 흰밥, 약간 진밥으로 시작해 점점 잡곡밥, 된밥으로 옮겨 가는 것이 좋습니다. 잡곡의 경우 처음에는 한 가지 종류를 5% 이하로 넣고 차차 종류와 양을 늘려 갑니다.

국 염분이 높아 섭취량에 특히 주의해야 해요. 국물보다는 건더기 위주로 주는 것이 좋습니다. 만 1~2세의 경우 염분 섭취에 각별히 신경써 주세요.

주찬 고기, 생선, 달걀, 콩류 등 단백질 식품으로 만든 반찬이에요. 아이들은 성인보다 냄새에 민감하기 때문에 고기 누린

내나 생선 비린내 등을 잡기 위한 전처리가 중요해요. 그러나 전기 유아기에는 되도록 고춧가루, 생강, 마늘, 파 등의 자극적인 향신료는 사용하지 않는 것이 좋습니다. 만 3~5세의 경우는 매운맛을 비롯해 어른이 먹는 대부분의 음식을 먹을 수 있어요. 약한 맛부터 시작해 향신료, 고춧가루 등의 양을 점점 늘려 주세요.

부찬 생채, 숙채 등 나물 반찬이 여기에 속해요. 전기 유아기에는 생채소보다 데치거나 볶아서 익힌 채소가 좋고, 양념은 참기름과 깨 정도로만 하는 것이 좋습니다. 모든 음식을 1.5cm 이하로 잘게 잘라서 주는 것이 좋은데, 나물류의 경우 특히 그렇습니다. 후기 유아기에는 1.5~2cm 정도의 크기가 적당해요. 이 시기에는 맛에 대한 기호가 확실해지면서 편식이 시작돼요. 특히 채소를 먹지 않는 아이들이 많지요. 억지로 먹이기보다 먹는 것에 즐거움을 느끼도록 하는 것이 좋습니다.

편식하는 아이, 이렇게 해보세요

- ☑ 안 먹는 음식을 지나치게 권하지 않아요.
- ☑ 낯선 음식은 양을 적게, 맛 경험의 기회를 먼저 주세요.
- ☑ 과도한 간식은 금물! 식사 사이 적당한 공복을 유지시켜 주세요.
- ☑ 식사는 정해진 시간에, 정해진 장소에서 하는 것이 좋아요.
- ☑ 엄마 아빠가 먼저 맛있게 먹는 모습을 보여요.
- ☑ 편식 문제를 다룬 그림책이나 역할 놀이를 해요.
- ☑ 냄새, 맛, 식감, 모양 등 문제점을 파악해 조리법을 바꿔요.
- ☑ 아이와 같이 식사 준비를 하며 식재료에 대한 친밀감을 높여요.
- ☑ 식판이나 컵, 숟가락 등을 직접 고르게 해요.

어떻게 요리할까요?

이 책에 소개된 레시피에는 아래와 같은 원칙을 적용했습니다. 레시피를 따라하기 전 꼭 확인해 주세요.

레시피 표기 원칙

- 레시피는 아이가 한 번 먹을 분량을 기준으로 합니다. 단, 저장이 가능한 메뉴거나 너무 소량의 재료를 사용하는 경우는 분량을 넉넉하게 잡았습니다.
- 불 세기는 중간 불을 기본으로 합니다. 불 세기가 표기되지 않은 것은 중불이며, 약불과 센 불이 필요한 경우 레시피에 명시했습니다.
- 식판식에 포함된 밥, 김치 레시피는 20~24쪽에 소개되어 있습니다. 상황에 맞게 선택하세요.
- 재료의 멸치다시마육수, 쌀뜨물은 물로 대체할 수 있어요.
- 저울, 계량컵, 계랑스푼 없이도 요리할 수 있도록 분량을 표기했지만, 정확한 맛을 위해 되도록 계량 도구 사용을 추천합니다.

1컵 200㎖ = 종이컵 1컵
1큰술 15㎖ = 밥숟가락 수북하게 1큰술
1작은술 5㎖ = 밥숟가락 약 1/3큰술

손대중량

콩나물·숙주 1줌(50g)

시금치 1줌(50g)

아욱 1줌(100g)

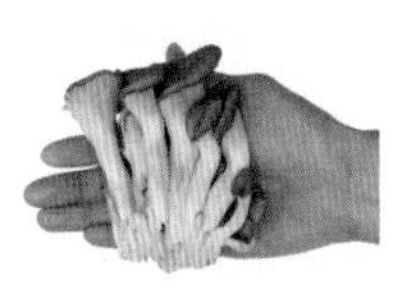
느타리버섯 1줌(50g)

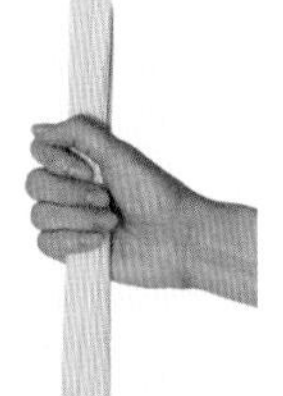
소면·스파게티 1줌(80g)

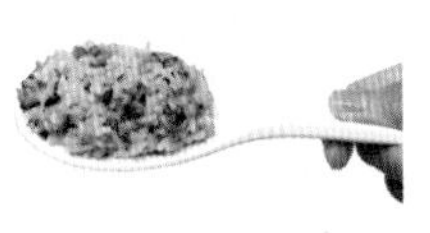
밥 1주걱(90g)

재료 손질법

고기

아이들은 냄새에 더 예민해요. 고기 핏물은 잡내의 원인이 될 수 있으므로 제거하는 것이 좋아요. 다짐육이나 구이용 고기는 키친타월로 핏물을 제거하고, 찜용 고기는 물에 담가 핏물을 충분히 빼요. 닭고기는 우유에 담가두면 잡내 제거에 도움이 됩니다. 닭안심은 흰색 힘줄을 제거하고 사용해요.

해산물

생선류는 가시를 꼼꼼히 제거하는 것이 중요합니다. 비린내에 예민한 아이들은 껍질을 벗기고 조리해 주세요. 손질이 번거롭다면 마트에서 판매하는 순살 생선을 구입해도 좋습니다. 해산물은 자체 염도가 있기 때문에 칵테일새우나 조갯살 등을 이용할 때는 조리 전 물에 담가두거나 충분히 헹군 후 사용합니다. 오징어는 아이가 어릴수록 몸통 부분을 주로 이용해요. 흐르는 물에 씻은 후 껍질을 벗겨내야 질기지 않답니다.

채소 & 과일

채소와 과일은 잔류 농약이 남아있을 수 있으므로 깨끗이 세척해야 합니다. 전용 세제를 이용하거나 식초물에 5분 이상 담가두었다가 흐르는 물에 헹구세요. 특히 브로콜리는 송이 사이사이에 이물질이 있을 수 있으므로 송이를 적당한 크기로 떼어낸 후 세척해요. 양배추 역시 잎을 한 장씩 떼어낸 후 씻는 것을 추천합니다. 버섯류는 물로 씻는 것보다 깨끗한 행주 등으로 털어낸 후 사용하는 것이 더 좋아요. 양송이버섯은 겉의 얇은 껍질을 벗겨내면 이물질도 제거되고 식감이 더 좋답니다. 감자, 당근 등 딱딱한 채소는 필러를 이용해 껍질을 벗기고, 오이는 굵은소금으로 문질러 씻은 후 칼로 돌기를 제거해요.

어떤 제품을 써야 할까요?

SNS에서 가장 많이 듣는 질문 중 하나가 "어떤 제품을 사용하세요?"예요. 그 궁금증, 속 시원히 해결해 드립니다.

소금
간을 할 때는 천일염이나 구운 소금이, 재료를 절일 때는 굵은소금이 적합해요. 맛소금은 조미료처럼 소금에 여러 가지 맛이 첨가된 제품으로 추천하지 않아요.

된장·간장
된장과 간장은 첨가물이 적은 것을 고릅니다. 성분표를 비교해 보면 이것저것 첨가된 것과 최소한의 재료로만 이루어진 것이 눈에 보일 거예요. 저는 좋은 성분의 일반 제품을 사용하는 편이지만, 아이가 어리다면 염도가 낮고 순한 맛의 어린이용 양념을 구입하는 것도 좋습니다. 대형 마트나 온라인에서 쉽게 구입할 수 있어요.

토마토케첩
토마토 함량이 높고 당이나 염도가 낮은 제품이 좋아요. 오뚜기, 하인즈 등 대형 식품회사에서도 이런 제품을 판매하고 있으니 입맛에 맞게 선택하세요. 초록마을이나 한살림 등을 이용하면 무농약 유기농 토마토로 만든 케첩을 구입할 수 있어요.

카레가루
아무리 순한맛 카레라도 아이에겐 매울 수 있어요. 그럴 경우 망고나 바나나 등 과일을 원료로 하는 스위트 카레를 구입하면 됩니다. 아예 어린이 전용으로 나오는 제품도 있으니 이용해 보세요.

아기치즈
치즈는 칼슘 함량이 높은 대표적인 식품이지만 나트륨 함량 또한 높다는 단점이 있어요. 아이들이 먹을 수 있도록 염도를 줄이고 보존료, 색소 등을 덜어낸 아기치즈가 시중에 다양하게 나와 있답니다.

무염 버터
우리가 흔히 알고 있는 고소하고 짭조름한 버터는 소금이 첨가된 '가염 버터'예요. 반면 소금이 첨가되지 않은 버터는 '무염 버터'라고 부르지요. 이는 포장지나 성분표에서 확인할 수 있습니다. 수입 제품인 경우 'unsalted'라고 표기되어 있어요. 가염 버터를 사용할 때는 염도를 감안하여 다른 양념을 조절해 주세요.

식판식 기본 레시피

밥 짓기

밥이 아직 낯선 유아식 초기에는 물의 양을 늘려 약간 진밥을 만들어 주는 것도 방법입니다. 만 1~2세의 경우 잡곡이 전체 양의 5%를 넘지 않는 것이 좋아요.

흰쌀밥

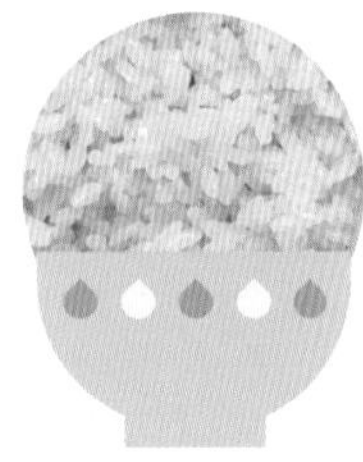

재료

멥쌀 2컵
물 2컵

만들기

1 쌀을 찬물에 3~4회 씻은 후 30분간 불린다.

2 밥솥에 쌀과 물을 1:1 비율로 넣고 밥을 한다.

잡곡밥

재료

멥쌀 2컵
혼합 잡곡 1/2컵
물 2와 1/2컵

만들기

1 쌀, 잡곡을 찬물에 3~4회 씻은 후 30분~1시간 정도 불린다.

2 밥솥에 불린 쌀과 잡곡, 물을 1:1 비율로 넣고 밥을 한다.

흑미밥

재료

멥쌀 2컵
흑미 1/3컵
물 2와 1/3컵

만들기

1 쌀, 흑미를 찬물에 3~4회 씻은 후 30분~1시간 정도 불린다.

2 밥솥에 불린 쌀과 흑미, 물을 1:1 비율로 넣고 밥을 한다.

검은콩밥

재료

멥쌀 2컵
검은콩 1/3컵
물 2와 1/3컵

만들기

1 검은콩은 6시간 이상 불리고, 쌀은 찬물에 3~4회 씻은 후 30분간 불린다.
* 불린 검은콩은 지퍼백에 소분해 냉동 보관하면 편리해요.

2 밥솥에 불린 쌀, 물을 넣고 검은콩을 올려 밥을 한다.

유아 김치

아이들 김치는 소금이나 액젓이 적게 들어가기 때문에 오래 보관하기 힘들어요. 되도록 소량씩 담그는 것이 좋습니다. 식판에 덜 때도 물기 없는 숟가락을 사용해야 상하지 않아요.

파프리카깍두기

재료

무 1/2개
쪽파 2줄기
굵은 소금 1큰술

양념

빨강 파프리카 1개
안 매운 고춧가루 1/2작은술 (생략 가능)
찹쌀풀 3큰술
멸치액젓 1큰술
매실액 1큰술
다진 마늘 1/2큰술
새우젓 1작은술

냥냥 TIP

담근 직후에는 무의 매운 맛이 날 수 있어요. 충분히 익어서 매운맛이 빠지면 아이에게 주세요.

만들기

1 무는 사방 1cm 크기로 깍둑 썬 후 굵은 소금을 뿌려 30분간 절인다.
* 중간중간 무를 섞어 주세요.

2 쪽파는 송송 썰고, 파프리카는 적당한 크기로 썬다. 믹서에 양념 재료를 넣고 곱게 간다.

3 절인 무를 물에 헹군 후 물기를 뺀다.

4 볼에 무, 쪽파, 양념을 넣고 버무린다.
* 실온에 1일간 둔 후 냉장 보관해요.

백김치

재료

알배기배추 1통
당근 1/4개
쪽파 3줄기
굵은 소금 1큰술

절임물

굵은 소금 2큰술
물 3컵

양념

배 1/4개
양파 1/2개
다진 마늘 1/2큰술
새우젓 1작은술

국물

찹쌀풀 3큰술
매실액 1큰술
굵은 소금 1/2큰술
설탕 1/2큰술
물 3컵

만들기

1 알배기배추는 4등분한다. 굵은 소금 1큰술을 잎 사이사이에 넣은 후 절임물에 담가 1시간 이상 절인다.

* 중간중간 배추를 뒤집어 주세요.

2 당근은 가늘게 채 썰고, 쪽파는 3cm 길이로 썬다.

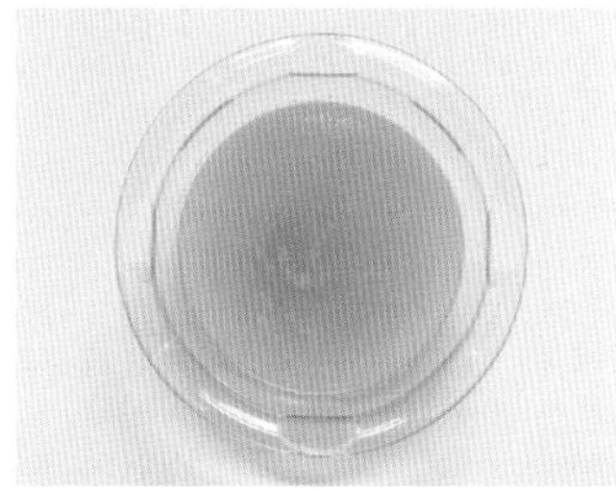

3 양념 재료를 믹서에 곱게 간 후 면포나 체에 걸러 국물 재료와 섞는다.

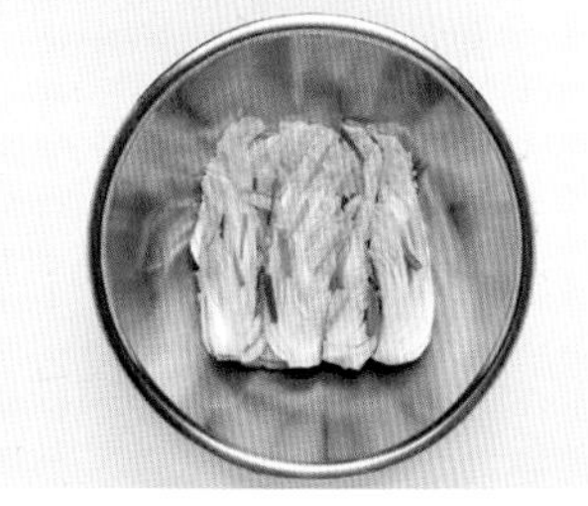

4 절인 배추를 물에 헹군 후 물기를 뺀다. 당근, 쪽파를 사이사이에 넣는다.

5 김치통에 담고 ③의 국물을 붓는다.

* 실온에 1일간 둔 후 냉장 보관해요.

비트오이피클

재료

오이 2개

비트 1/10개

식초 1컵

피클물

피클링 스파이스
(또는 통후추) 1/2큰술

소금 1큰술

설탕 1컵

물 2컵

만들기

1 오이는 돌기를 긁어낸 후 0.8cm 두께로 썰고, 비트는 필러로 껍질을 제거한 후 나박 썬다.

2 냄비에 피클물 재료를 넣고 센 불에서 3분간 끓인 후 식초를 넣는다.

* 식초는 끓이면 날아가기 때문에 마지막에 넣어요.

3 열탕 소독한 용기에 오이, 비트를 담고 피클물을 용기에 80%만 붓는다. 한 김 식힌 후 뚜껑을 닫는다.

* 실온에 1일간 둔 후 냉장 보관해요.

냠냠 TIP

열탕 소독은 냄비에 물을 붓고 유리병을 거꾸로 세워 끓이면 돼요.

만능 육수

육수를 만들어 두면 죽이나 국을 만들 때 요긴하게 쓰여요. 맛은 물론 요리하는 시간을 크게 단축시킬 수 있지요. 어떤 요리든 두루두루 어울리는 멸치다시마육수를 소개합니다.

멸치다시마육수

재료

국물용 멸치 15마리
다시마(5×3cm) 3장
물 5컵

냠냠 TIP

육수를 밀폐용기 또는 지퍼백에 담아 두면 냉장 3일, 냉동에서 30일간 보관 가능해요.

만들기

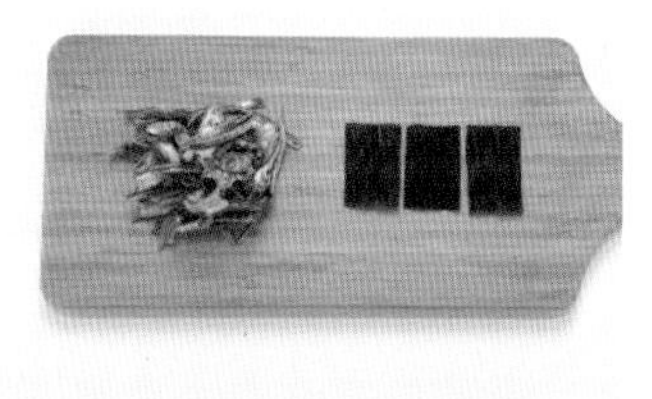

1 멸치는 반으로 갈라 내장을 제거한다.

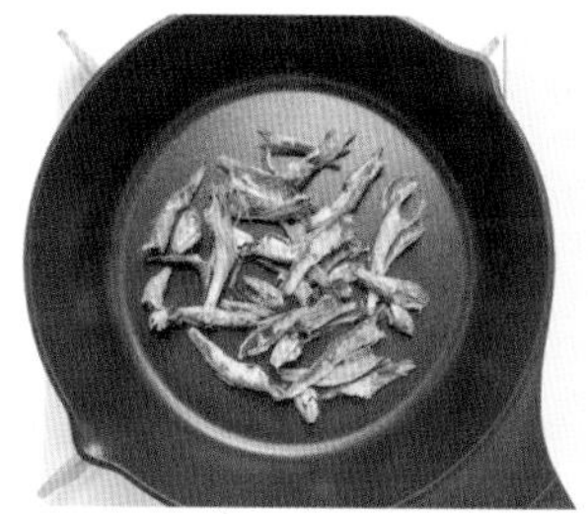

2 마른 팬에 멸치를 넣고 약불에서 30초간 볶는다.

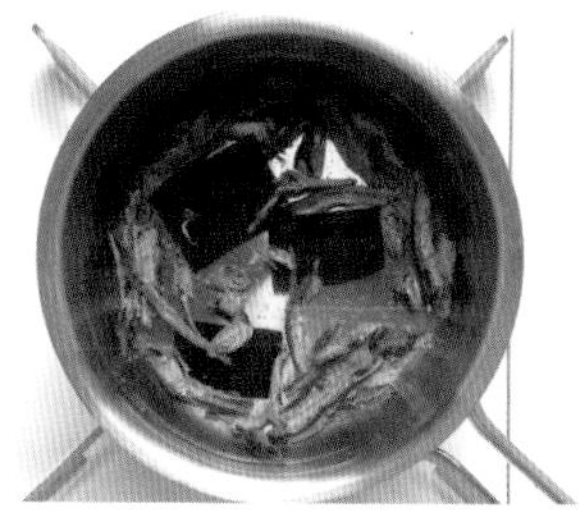

3 냄비에 물, 멸치, 다시마를 넣고 센 불에서 끓인다.

4 물이 끓어오르면 다시마를 건져내고 약불에서 10분간 더 끓인 후 멸치를 건진다.

하루하루 자라는 아이들에게 아침 식사의 중요성은 백 번을 강조해도 지나치지 않습니다.
그런데 안 먹겠다는 아이 때문에 아침마다 전쟁을 치르는 집이 많죠.
잠이 덜 깨서 몽롱하고 입맛이 없는 건 아이들도 마찬가지예요. 그래서 아침엔 부드럽게 넘어가는 메뉴가 좋습니다. 이 파트에서는 어린이집에서 인기 있었던 죽과 수프를 소개해요.
대부분 일상 재료를 이용하는 것들이어서 후다닥 만들 수 있답니다.
죽과 수프는 이유식에서 유아식으로 넘어가는 다리 역할을 하기도 해요.
이제 막 유아식을 시작한다면 특히 도움이 될 거예요.

PART 2

아침 식사로 좋은 죽&수프 식판식

달걀채소죽

가장 기본 죽이라고 할 수 있는 메뉴예요. 쌀이 아닌 밥을 사용하고 재료도 간단하기 때문에 언제든지 손쉽게 만들 수 있습니다. 채소는 애호박, 감자, 버섯 등 냉장고 상황에 따라 다양하게 활용하세요.

재료

밥 1주걱(90g)
달걀 1개
모둠 채소(양파, 당근, 부추 등) 1/2컵
멸치다시마육수(25쪽) 2컵
소금 약간
참기름 약간

만들기

1 채소는 잘게 다지고, 달걀을 푼다.

2 냄비에 멸치다시마육수, 밥, 채소를 넣고 끓인다.

3 밥알이 전체적으로 퍼지면 달걀, 소금, 참기름을 넣고 섞는다.

들깨두부죽

성장에 꼭 필요한 영양소인 칼슘! 두부는 물론 들깨 또한 칼슘 함량이 높은 식품인 것 알고 계셨나요? 고소한 맛은 기본, 우리 아이 쑥쑥 성장까지 책임질 메뉴를 소개합니다.

재료

맵쌀 4큰술(60g)
두부 1/3모(100g)
들깻가루 1큰술
들기름 1/2큰술
멸치다시마육수(25쪽) 2컵
소금 약간

만들기

1 쌀은 씻어서 30분간 불리고, 두부는 으깬다.

2 달군 냄비에 들기름을 두르고 쌀이 투명해질 때까지 볶는다.

3 멸치다시마육수, 두부를 넣고 약불에서 저어가며 끓인다.

4 쌀알이 전체적으로 퍼지면 들깻가루, 소금을 넣고 섞는다.

냠냠 TIP

두부는 순두부나 연두부로 대체해도 좋아요. 쌀 대신 밥을 이용할 경우 과정 ②에서 밥을 들기름에 살짝 볶아요.

쇠고기미역죽

미역국에 밥 한 그릇 말아주면 뚝딱 잘 먹는 아이들 많죠? 그 익숙한 조합을 죽 버전으로 만들었어요. 쌀뜨물을 사용하면 적은 양을 만들어도 깊은 맛을 낼 수 있답니다.

재료

밥 1주걱(90g)
다진 쇠고기 1/4컵(40g)
자른 미역 2/3컵
참기름 1큰술
다진 마늘 1작은술
쌀뜨물 2컵
소금 약간

만들기

1 쇠고기는 핏물을 제거하고, 미역은 10분간 불린 후 잘게 다진다.

2 달군 냄비에 참기름을 두르고 다진 마늘, 쇠고기, 미역을 넣고 완전히 익을 때까지 볶는다.

3 밥, 쌀뜨물을 넣고 15분간 끓인다. 밥알이 전체적으로 퍼지면 소금을 넣고 섞는다.

배추된장죽

재료는 간단하지만 탄수화물, 단백질, 비타민, 무기질까지 꽉 차게 갖춘 메뉴예요. 구수한 맛이 아주 일품이지요. 청양고추 송송 썰어 넣으면 아빠 해장죽으로도 그만입니다.

재료

밥 1주걱(90g)
배추 잎 2장
된장 1작은술
쌀뜨물 2컵

만들기

1 배추 잎은 끓는 물에 살짝 데친 후 다진다.

2 냄비에 쌀뜨물, 밥, 배추 잎을 넣고 끓인다.

3 밥알이 전체적으로 퍼지면 된장을 체에 밭쳐 풀고 섞는다.

 어른용으로 만들기

마지막에 송송 썬 청양고추를 넣어요.

단호박죽

단호박죽은 제대로 만들려고 하면 꽤나 손이 많이 가고 번거로운 음식이에요. 단호박을 삶고 으깨는 과정을 전자레인지로 대신해 간단하게 만들었습니다. 식사는 물론 간식으로도 좋아요.

재료

단호박 1/2개
찹쌀가루 1/2컵
물 2와 1/2컵
설탕 1작은술
소금 약간

만들기

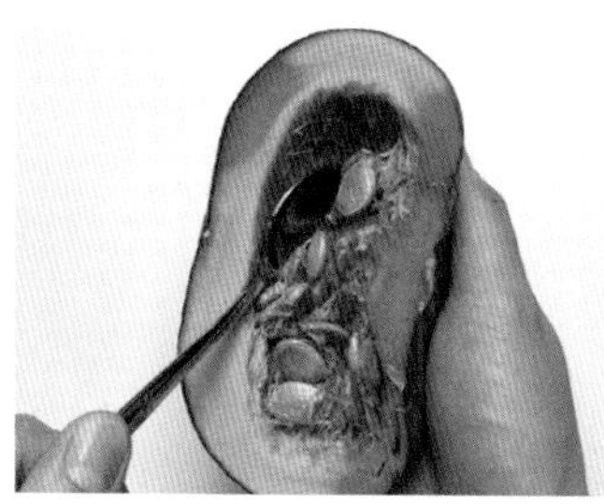

1 단호박은 껍질과 씨를 제거한 후 큼직하게 썬다.
* 전자레인지에 살짝 돌리면 잘 썰려요.

2 그릇에 단호박, 물 1/2컵을 넣고 전자레인지에 8~10분간 돌린다.

3 냄비에 ②, 찹쌀가루, 물 2컵을 넣고 저어가며 끓인다. 걸쭉해지면 설탕, 소금을 넣는다.

닭찹쌀죽

아이가 아플 때 원기 회복식으로 기름진 음식을 먹으면 소화 기능이 떨어져 있어 오히려 탈이 나기 쉽습니다. 닭가슴살로 담백하게 맛을 낸 영양죽을 만들어 주세요. 기운이 불끈 날 거예요.

재료

찹쌀 4큰술(60g)
닭가슴살 1쪽(100g)
모둠 채소(양파, 당근, 부추 등) 1/2컵
마늘 5쪽
대파(푸른 부분) 10cm
물 3과 1/2컵
참기름 1큰술
소금 약간

만들기

1 찹쌀은 씻어서 30분간 불린다. 닭가슴살은 큼직하게 썰고, 채소는 다진다.

2 냄비에 물, 마늘, 대파를 넣고 끓어오르면 닭가슴살을 넣어 15분간 삶는다.

3 닭가슴살을 건져서 결대로 찢는다.

4 ②의 닭가슴살 삶은 물에 찹쌀, 채소를 넣고 끓인다.

5 찹쌀이 전체적으로 퍼지면 닭가슴살, 참기름, 소금을 넣고 섞는다.

브로콜리새우죽

브로콜리에는 레몬의 2배가 넘는 비타민 C가 들어있어 감기 예방에 도움을 줘요. 그런데 반찬으로만 먹이기에는 한계가 있지요. 잘게 다져서 죽이나 수프로 만들어 보세요. 충분한 양을 섭취할 수 있고 아이들도 비교적 잘 먹는답니다.

재료

밥 1주걱(90g)
브로콜리 1/4개
칵테일새우 1/2컵
물 2컵
참기름 1/2큰술
소금 약간

만들기

1 브로콜리는 적당한 크기로 썰고, 칵테일새우는 다진다.

2 브로콜리를 끓는 물에 살짝 데친 후 다진다.

3 냄비에 물, 밥, 브로콜리, 칵테일새우를 넣고 끓인다.

4 밥알이 전체적으로 퍼지면 참기름, 소금을 넣고 섞는다.

감자수프

밀가루와 버터를 섞어 '루'를 만드는 유럽 정통 레시피로, 수프의 진한 맛을 느낄 수 있어요. 감자수프는 특히 든든해서 식사 대용으로 참 좋답니다. 식빵을 구워서 크루통을 만들어 얹어 보세요.

재료

감자 2개
양파 1/4개
아기치즈 1장
무염 버터 1큰술
밀가루 1큰술
우유 2컵
소금 약간

만들기

1 감자는 사방 2cm로 깍둑 썰고, 양파는 다진다.

2 끓는 물에 감자를 넣고 5분간 삶는다.

3 팬에 버터를 넣고 약불에서 녹인 후 밀가루를 넣고 섞는다.

4 감자, 양파를 넣고 볶다가 우유를 넣는다. 끓어오르면 한 김 식힌 후 믹서에 간다.

5 다시 팬에 붓고 치즈, 소금을 넣어 걸쭉해질 때까지 저어가며 끓인다.

양송이수프

장담하건대 이렇게만 끓여도 웬만한 시판 수프보다 훨씬 맛있을 거예요. 양송이버섯 외에 다른 버섯을 섞어도 좋아요. 특히 표고버섯을 더하면 영양도 좋고 향이 훨씬 진해진답니다.

재료

양송이버섯 5개
양파 1/4개
아기치즈 1장
무염 버터 1큰술
밀가루 1큰술
우유 2컵
소금 약간

만들기

1 양송이버섯은 얇게 썰고, 양파는 다진다.

2 팬에 버터를 넣고 약불에서 녹인 후 밀가루를 넣고 섞는다.

3 양송이버섯, 양파를 넣고 볶다가 우유를 넣는다. 끓어오르면 한 김 식힌 후 믹서에 간다.

4 다시 팬에 붓고 치즈, 소금을 넣어 걸쭉해질 때까지 저어가며 끓인다.

SOUP

옥수수수프

여름에 잘 여문 옥수수 알갱이를 떼어 냉동해두면 사계절 내내 맛있는 옥수수수프를 즐길 수 있어요. 통조림 옥수수의 경우 이미 단맛이 충분하므로 추가로 당류를 넣지 않아도 돼요.

재료

통조림 옥수수 1컵
양파 1/3개
아기치즈 1장
무염 버터 1큰술
밀가루 1큰술
우유 2컵
소금 약간

만들기

1 통조림 옥수수는 체에 밭쳐 뜨거운 물을 붓는다. 양파를 다진다.

2 팬에 버터를 넣고 약불에서 녹인 후 밀가루를 넣고 섞는다.

3 옥수수, 양파를 넣고 볶다가 우유를 넣는다. 끓어오르면 한 김 식힌 후 믹서에 간다.

4 다시 팬에 붓고 치즈, 소금을 넣어 걸쭉해질 때까지 저어가며 끓인다.

냠냠 TIP

통조림이 아닌 찐 옥수수를 사용할 경우는 설탕을 약간 더해도 좋아요.

삼시 세끼를 밥, 국, 반찬 식판식으로 차린다는 건 만드는 사람에게도,

먹는 아이에게도 즐거운 일은 아닐 거예요.

점심 한 끼 정도는 간단하고 맛있는 한 그릇 식사로 준비해 보는 건 어떨까요?

든든한 밥부터 별미 국수까지,

영양 균형을 맞춘 한 그릇이면 다른 반찬이 필요 없답니다.

PART 3

간편하고 든든한 한 그릇 식판식

마파두부덮밥

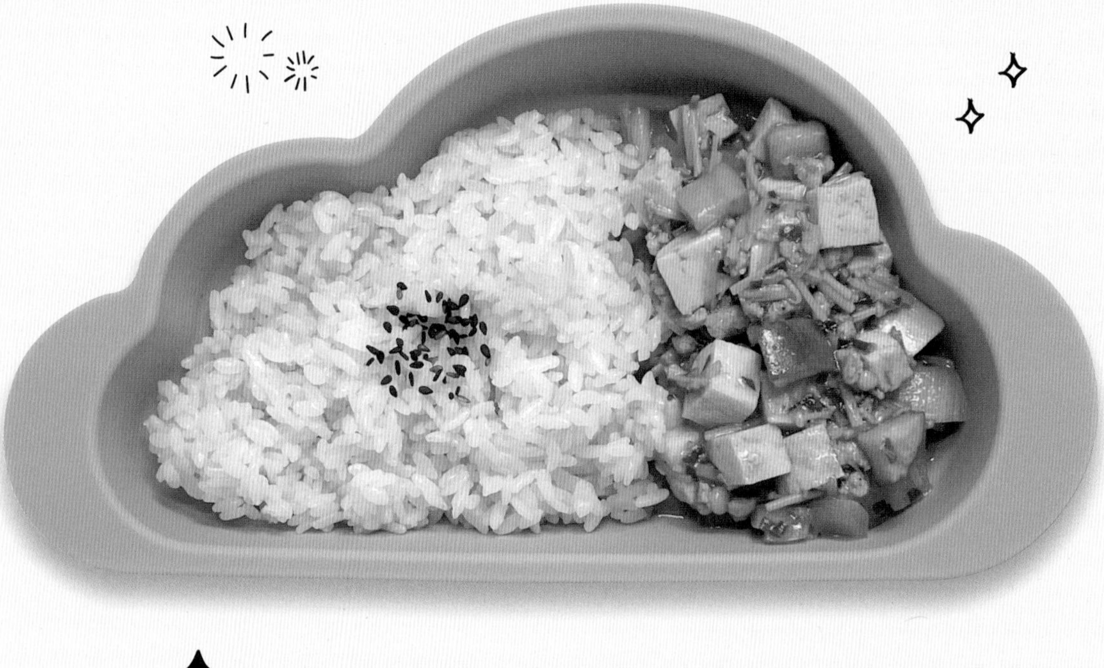

보들보들한 두부가 매력적인 마파두부덮밥이에요. 아이들이 먹을 수 있도록 매운맛을 빼고 구수한 된장 양념으로 맛을 냈습니다. 각종 채소를 푸짐하게 더해 더욱 건강해요.

재료

밥 1과 1/2주걱(130g)
두부 1/3모(100g)
다진 돼지고기 1/4컵(40g)
팽이버섯 1/2줌
양파 1/4개
애호박 1/6개
다진 파 1큰술
녹말물(물 3큰술 + 녹말가루 1작은술)
식용유 약간
참기름 약간

밑간

맛술 1/2큰술
다진 마늘 1작은술
후춧가루 약간

양념

물 3큰술
된장 1/2큰술
간장 1작은술

어른용으로 만들기

양념에 고춧가루 1작은술을 더해요.

만들기

1 돼지고기는 핏물을 제거한 후 밑간 재료와 섞는다. 두부, 팽이버섯, 양파, 애호박은 한입 크기로 썬다.

2 달군 팬에 식용유를 두르고 다진 파를 볶다가 돼지고기를 넣어 볶는다.

3 돼지고기의 겉면이 익으면 팽이버섯, 양파, 애호박을 넣고 볶는다.

4 채소가 익으면 양념, 두부를 넣고 섞는다.

5 녹말물로 농도를 맞추고 참기름을 넣은 후 밥에 얹는다.

단호박버섯영양밥

가을의 향을 물씬 담은 영양밥입니다. 달콤한 단호박과 향긋한 표고버섯으로 만든 밥에 부추 양념장을 비벼 먹으면 다른 반찬 필요 없이 한 그릇 뚝딱! 할 수 있어요.

재료

맵쌀 1컵(140g)
단호박 1/6개(또는 고구마 1개)
표고버섯 3개
물 1컵

양념장

다진 부추 2큰술
간장 2큰술
물 1큰술
참기름 1큰술
깨소금 약간

만들기

1 쌀은 씻어서 30분간 불린다.

2 단호박의 껍질과 씨를 제거한다. 단호박, 표고버섯을 먹기 좋은 크기로 썬다.

* 단호박은 전자레인지에 살짝 돌리면 잘 썰려요.

3 냄비에 불린 쌀, 물을 넣고 끓인다.

4 물이 끓어오르면 단호박, 표고버섯을 넣고 뚜껑을 덮은 후 약불에서 15분, 불을 끄고 5분간 둔다. 양념장을 만든다.

치킨마요덮밥

달콤 짭조름한 맛 때문에 아이들이 참 좋아하는 메뉴예요. 그만큼 당도와 염도가 높지요. 이제 엄마표 건강한 치킨마요덮밥을 만들어 주세요. 닭안심을 사용해 담백하고, 사 먹는 것에 비해 양념도 순하답니다.

재료

밥 1과 1/2주걱(130g)

닭안심 3쪽(또는 닭가슴살 1쪽, 100g)

달걀 1개

우유 1/2컵

밀가루 약간

식용유 약간

마요네즈 약간

양념

물 2큰술

간장 1큰술

굴소스 1/2큰술(생략 가능)

올리고당 1큰술

맛술 1/2큰슬

만들기

1 닭안심은 힘줄을 제거하고 우유에 20분간 담근 후 한입 크기로 썬다.

2 위생백에 밀가루와 닭안심을 넣고 골고루 묻힌 후 살살 털어낸다.

3 달군 팬에 식용유를 두르고 달걀을 볶는다.

4 달군 팬에 식용유를 두르고 닭안심을 노릇하게 굽는다.

5 양념을 넣고 약불에서 조린다. 밥에 달걀과 함께 얹고 마요네즈를 뿌린다.

쇠고기무밥

무에는 지방과 단백질을 분해하는 효소가 있어 쇠고기와 찰떡궁합을 자랑해요. 영양도 좋고 소화도 잘 되니 이만한 한 그릇이 없겠죠? 냄비밥이 어렵다면 압력밥솥을 이용해도 좋아요.

재료

멥쌀 1컵(140g)
다진 쇠고기 60g
무(두께 5cm) 1토막
표고버섯 2개
물 180㎖

밑간

간장 1/2큰술
맛술 1작은술
참기름 1작은술
다진 마늘 약간

만들기

1 쌀은 씻어서 30분간 불린다.

2 무는 채 썰고, 버섯은 먹기 좋은 크기로 썬다. 쇠고기는 핏물을 제거한 후 밑간 재료와 섞는다.

3 냄비에 쌀, 물을 넣고 무와 버섯을 올린다. 뚜껑을 덮고 센 불에서 끓어오르면 약불로 줄여 15분, 불을 끄고 5분간 둔다.

4 달군 팬에 쇠고기를 넣고 센 불에서 볶은 후 밥에 섞는다. 양념장(53쪽)을 만든다.

냠냠 TIP

무에서 물이 많이 나오기 때문에 보통 밥보다 물 양을 적게 잡는 것이 중요해요.

오징어콩나물국밥

오징어를 넣은 전주식 콩나물국밥이에요. 오징어는 쇠고기보다 3배나 많은 단백질을 가지고 있어서 고기를 먹지 않는 아이들에게 좋은 단백질 급원이 된답니다. 배추김치를 송송 썰어 넣어 엄마 아빠도 함께 즐겨요.

재료

밥 1과 1/2주걱(130g)
손질 오징어 1/2마리(몸통, 50g)
콩나물 1줌
멸치다시마육수(25쪽) 2컵
다진 마늘 1/2작은술
다진 쪽파 1작은술
새우젓 약간

만들기

1 오징어는 껍질을 벗겨 먹기 좋은 크기로 썰고, 콩나물은 다듬는다.

2 멸치다시마육수가 끓어오르면 오징어, 콩나물을 넣고 3분간 끓인다.

3 밥, 다진 마늘을 넣고 끓어오르면 다진 쪽파, 새우젓을 넣는다.

어른용으로 만들기

배추김치를 더하면 얼큰하고 개운한 김치 콩나물국밥이 완성돼요.

ONE DISH

연두부달걀덮밥

한 그릇 중에서도 단연 가성비 최고의 메뉴예요. 최소한의 재료로 간단하게 만들 수 있지만 아이들이 정말 잘 먹거든요. 자극적이지 않고 부드러워서 아침 식사로도 좋답니다.

재료

밥 1과 1/2주걱(130g)
연두부 70g
달걀 1개
다진 쪽파 1큰술
아기치즈 1장
소금 약간
식용유 약간

만들기

1 달걀에 소금을 넣고 푼 후 연두부, 쪽파를 섞는다.

2 달군 팬에 식용유를 두르고 ①을 넣은 후 약불에서 저어준다.

3 달걀이 익으면 치즈를 잘라 넣고 밥에 얹는다.

쇠고기나물비빔밥

한 그릇으로 5대 영양소를 골고루 섭취할 수 있어요. 쇠고기 대신 참치를 넣어도 좋고, 나물을 만들기 번거롭다면 쌈 채소나 파프리카 등을 활용해 간단 버전으로 만들어도 좋아요.

재료

밥 1과 1/2주걱(130g)
다진 쇠고기 1/4컵(40g)
당근 1/8개
시금치 1줌
콩나물 1줌
소금 약간
식용유 약간

밑간

간장 1작은술
맛술 1작은술
참기름 1/2작은술
다진 마늘 약간

나물 양념

참기름 1작은술
깨소금 약간
소금 약간

만들기

1 당근은 채 썰고, 쇠고기는 핏물을 제거한 후 밑간 재료와 섞는다.

2 끓는 물에 시금치는 30초, 콩나물은 2분간 데친다. 먹기 좋은 크기로 썬 후 나물 양념 재료를 각각 넣고 무친다.

3 달군 팬에 식용유를 두르고 당근, 소금을 넣어 약불에서 볶는다.

4 달군 팬에 쇠고기를 넣고 센 불에서 볶는다. 양념장(53쪽)을 만든다.

냠냠 TIP

채소를 먹지 않는 아이들은 잘게 다져 주세요.

ONE DISH

새우파프리카볶음밥

파프리카 반 개만 먹어도 하루 비타민 C 권장량을 섭취할 수 있어요. 색마다 가진 영양소가 다르기 때문에 색깔별로 골고루 먹는 것이 좋답니다. 알록달록 파프리카의 매력을 한껏 살린 볶음밥을 소개해요.

재료

밥 1과 1/2주걱(130g)

칵테일새우 3/4컵
(또는 생새우 3마리)

파프리카 1/2개

양파 1/4개

굴소스 1작은술(생략 가능)

식용유 약간

1 칵테일새우는 흐르는 물에 헹구고, 파프리카와 양파는 다진다.

2 달군 팬에 식용유를 두르고 양파를 볶다가 새우, 파프리카를 넣고 볶는다.

3 새우가 붉게 익으면 밥, 굴소스를 넣고 볶는다.

굴소스를 생략할 경우 소금을 약간 넣어요.

닭고기뿌리채소볶음밥

땅의 기운을 머금은 뿌리채소는 면역력 향상에 도움을 준다고 해요. 그러나 딱딱한 식감과 어색한 맛 때문에 아이들에게 외면당하기 일쑤지요. 뿌리채소를 잘게 다져 숨기고, 아이들이 좋아하는 닭고기와 카레가루를 넣어 볶음밥을 만들었어요.

재료

밥 1과 1/2주걱(130g)
닭안심 3쪽(또는 닭가슴살 1쪽, 100g)
뿌리채소(당근, 연근, 감자 등) 2/3컵
우유 1/2컵
카레가루 1작은술
식용유 약간

만들기

1 닭안심은 힘줄을 제거하고 우유에 20분간 담근다.

2 뿌리채소, 닭안심을 잘게 다진다.

3 달군 팬에 식용유를 두르고 ②의 재료를 볶는다.

4 닭안심이 익으면 밥, 카레가루를 넣고 볶는다.

냥냥 TIP

아이가 평소 채소를 잘 먹거나 만 3~5세인 경우, 재료를 크게 썰어 뿌리채소의 모양과 식감을 느낄 수 있도록 해주세요.

옥수수김치볶음밥

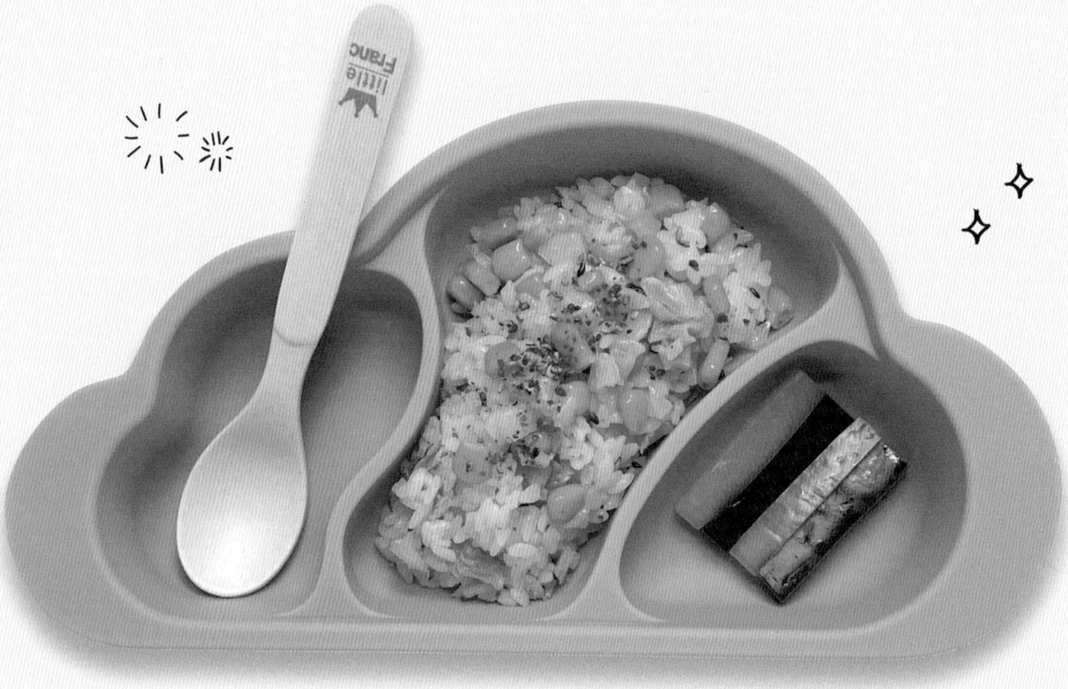

유아식은 맛만큼이나 다양한 식감을 접하게 해 주는 것이 중요해요. 옥수수김치볶음밥은 아삭아삭한 김치와 톡톡 터지는 옥수수 알갱이가 들어 있어 아이가 다양한 식감을 경험할 수 있답니다.

재료

밥 1과 1/2주걱(130g)
배추김치 1/2컵
통조림 옥수수 1/2컵
양파 1/4개
무염 버터 1작은술
깨소금 약간

만들기

1 양파는 다지고, 배추김치는 물에 헹군 후 잘게 썬다.

2 통조림 옥수수는 체에 밭쳐 뜨거운 물을 붓는다.

3 달군 팬에 버터를 녹인 후 양파, 배추김치, 옥수수를 넣고 볶는다.

4 밥을 넣고 볶은 후 깨소금을 넣는다.

냥냥 TIP

24개월 이하거나 매운맛에 익숙하지 않은 아이들은 배추김치를 찬물에 충분히 담가 매운맛을 뺀 후 사용해요.

파인애플볶음밥

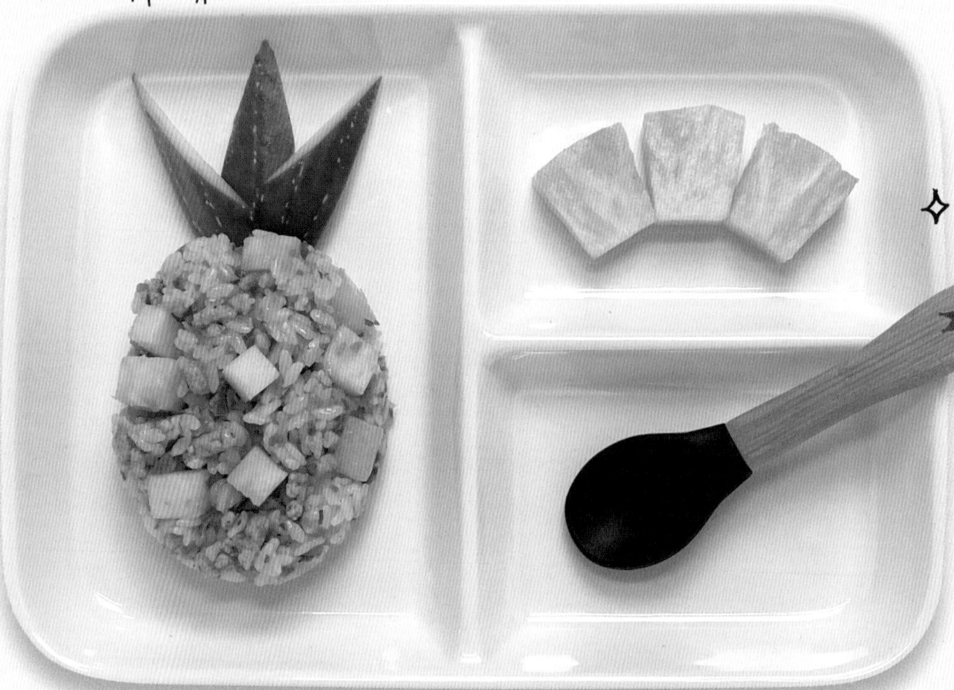

동남아 느낌이 물씬 나는 볶음밥이에요. 더 이국적인 맛을 내고 싶다면 카레가루를 더해도 좋답니다. 아이와 함께 사진처럼 오이로 파인애플 모양을 만들어 보세요.

재료

밥 1과 1/2주걱(130g)
다진 돼지고기 1/4컵(40g)
파인애플 링 2개
모둠 채소(당근, 양파 등) 1/2컵
다진 파 1큰술
소금 약간
후춧가루 약간
식용유 약간

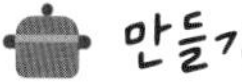

만들기

1 파인애플은 먹기 좋은 크기로 썰고, 채소는 다진다.

2 달군 팬에 식용유를 두르고 다진 파를 넣어 볶는다.

3 돼지고기, 소금, 후춧가루를 넣고 볶는다.

4 돼지고기가 익으면 채소를 넣고 볶는다.

5 밥을 넣어 볶다가 파인애플을 넣고 가볍게 섞는다.

오므라이스

오므라이스는 아이들이 제일 좋아하는 메뉴 중 하나지만 엄마에게는 자주 실패하는 메뉴이기도 하지요. 볶음밥의 모양을 미리 잡아둔 후 달걀이 익기 전에 올려서 말면 깔끔한 오므라이스를 만들 수 있답니다.

재료

밥 1과 1/2주걱(130g)
모둠 채소(양파, 당근, 감자 등) 2/3컵
달걀 1개
소금 약간
토마토케첩 약간
식용유 약간

만들기

1 채소는 다지고, 달걀은 소금을 넣어 푼다.

2 달군 팬에 식용유를 두르고 채소를 볶다가 밥, 케첩을 넣어 볶는다.

3 달군 팬에 식용유를 두르고 달걀물을 부어 약불에서 넓게 부친다.

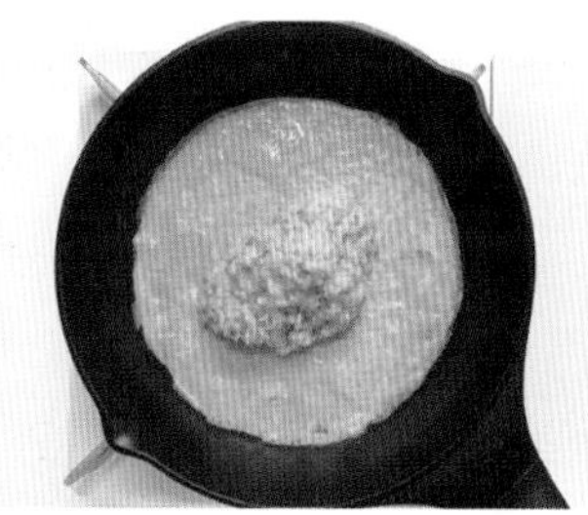

4 달걀의 윗면이 완전히 익기 전에 ②의 볶음밥을 주걱으로 뭉쳐 올린 후 돌돌 만다.

지단으로 밥을 감싸는 것이 어렵다면 밥 위에 올려도 좋아요.

대구살크림리조또

담백한 대구살, 고소한 우유와 치즈로 맛을 낸 부드러운 리조또예요. 생쌀과 육수를 이용해야 하는 번거로운 레시피 대신 간단 버전으로 소개합니다. 조금 더 맛을 내고 싶다면 우유에 생크림을 섞어서 사용하세요.

재료

밥 1과 1/2주걱(130g)
대구살(또는 흰살 생선) 60g
양파 1/4개
부추 1줄기
우유 1/2컵
아기치즈 1장
무염 버터 1작은술
소금 약간

만들기

1 대구살과 양파는 한입 크기로 썰고, 부추는 송송 썬다.

2 달군 팬에 버터, 양파를 넣고 볶다가 대구살을 넣고 가볍게 볶는다.

3 밥, 우유를 넣고 저어가며 조린다.

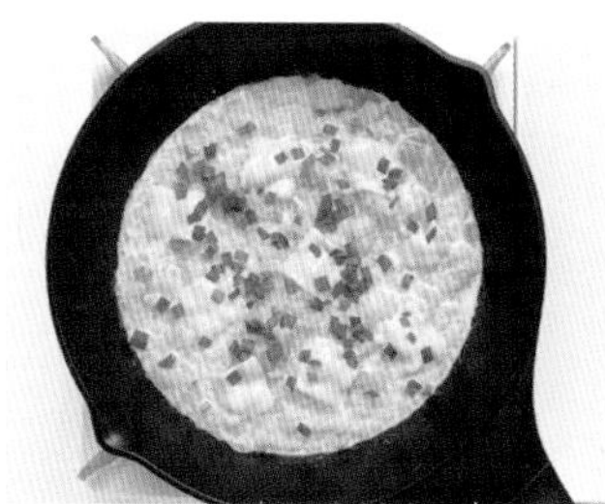

4 밥알이 퍼지면 부추, 치즈, 소금을 넣고 섞는다.

비빔국수

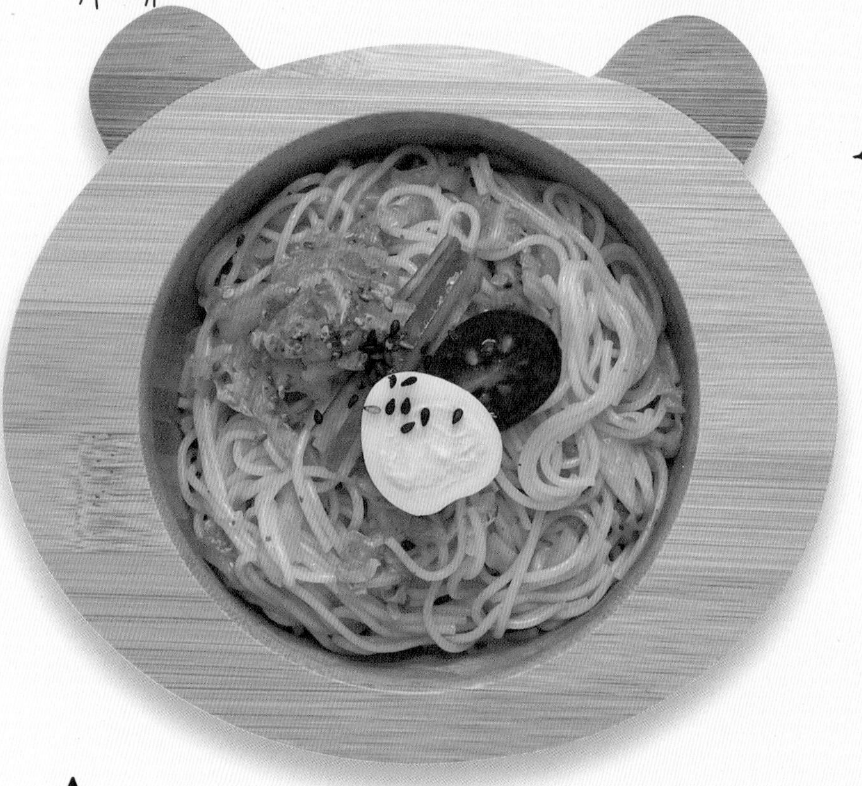

입맛 없을 땐 밥보다 새콤한 국수가 더 당기기 마련이죠. 아이들도 마찬가지랍니다. 김치 대신 오이처럼 아삭한 채소를 더해줘도 좋아요. 김치를 잘 먹는다면 물에 헹굴 필요 없이 양념만 살짝 털어내고 사용해요.

재료

소면 1/2줌(40g)
배추김치 1/3컵

양념

간장 1작은술
참기름 1/2작은술
설탕 약간
깨소금 약간

만들기

1 배추김치는 물에 헹군 후 잘게 썬다.

2 끓는 물에 소면을 반으로 잘라 넣고 삶은 후 찬물에 헹군다.

3 볼에 소면, 배추김치, 양념 재료를 넣고 비빈다.

어른용으로 만들기

소면을 추가한 후 기호에 따라 고춧가루, 간장, 참기름, 설탕을 더해요.

냠냠 TIP

24개월 이하거나 매운맛에 익숙하지 않은 아이들은 배추김치를 찬물에 충분히 담가 매운맛을 뺀 후 사용해요.

잔치국수

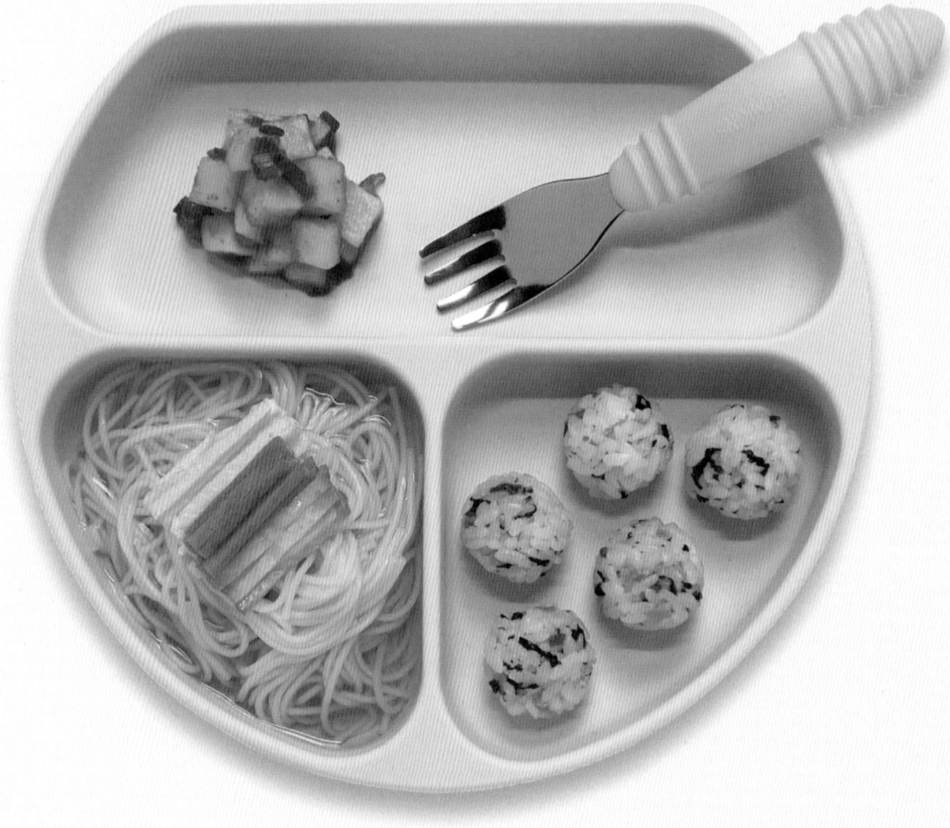

채소를 볶아서 면 위에 따로 올리면 같이 끓이는 것보다 깔끔한 국물을 맛볼 수 있어요. 아이는 김가루를, 엄마 아빠는 김치를 더해 칼칼하게 즐겨 보세요.

재료

소면 1/2줌(40g)
달걀 1개
애호박 1/8개
당근 1/10개
멸치다시마육수(25쪽) 2컵
국간장 1작은술
식용유 약간
소금 약간

만들기

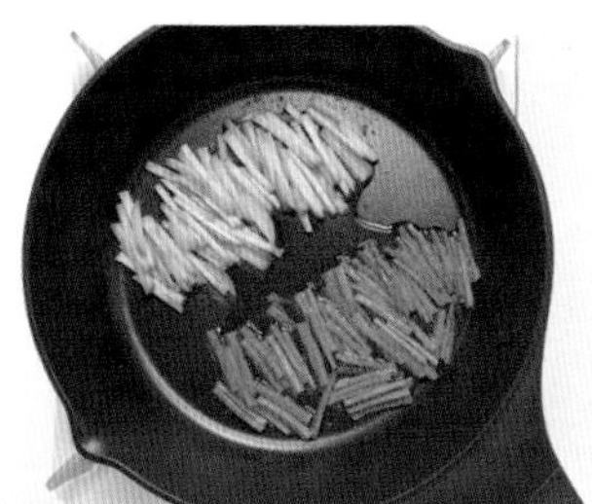

1 애호박, 당근은 가늘게 채 썬다. 달군 팬에 식용유를 두르고 소금을 넣어 볶는다.

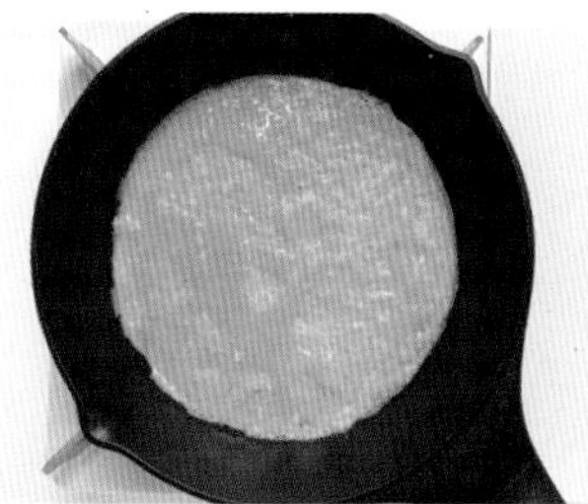

2 달군 팬에 식용유를 두르고 달걀물을 부어 약불에서 넓게 부친다. 한 김 식힌 후 가늘게 썬다.
* 스크램블로 대신해도 좋아요.

3 끓는 물에 소면을 반으로 잘라 넣고 삶은 후 찬물에 헹군다.

4 멸치다시마육수가 끓어오르면 국간장을 넣는다. 그릇에 모든 재료를 담고 육수를 붓는다.

어른용으로 만들기

송송 썬 배추김치를 더하거나 간장 1큰술, 고춧가루 1작은술, 청양고추 1개를 섞어 양념장을 만들어요.

ONE DISH

짜장면

아이들 중에 짜장면 안 좋아하는 아이는 못 본 것 같아요. 그런데 엄마 입장에서는 밖에서 선뜻 사주기 어려운 메뉴이기도 하지요. 짜장가루만 있으면 생각보다 쉽게 만들 수 있답니다. 면 대신 덮밥으로 만들어도 좋아요.

재료

우동면 1봉(190g)
다진 돼지고기 1/3컵(50g)
감자 1/2개
양파 1/4개
양배추 2장
다진 파 1큰술
짜장가루 3큰술
물 1컵
식용유 약간

밑간

맛술 1/2큰술
다진 마늘 1작은술
후춧가루 약간

만들기

1 돼지고기는 핏물을 제거한 후 밑간 재료와 섞고, 채소는 먹기 좋은 크기로 썬다.

2 달군 팬에 식용유를 두르고 다진 파를 볶다가 돼지고기를 넣고 볶는다.

3 돼지고기의 겉면이 익으면 ①의 채소를 넣고 볶는다.

4 물을 붓고 끓어오르면 짜장가루를 넣어 걸쭉해질 때까지 저어가며 끓인다.

* 눌어붙기 쉬우므로 계속 저어줘야 해요.

5 끓는 물에 우동면을 넣고 삶은 후 물기를 뺀다. 그릇에 담고 짜장 소스를 얹는다.

바지락칼국수

바지락은 뇌 발달에 중요한 아연, 빈혈을 예방하는 철분 함량이 높아 성장기 아이들에게 좋은 식재료예요. 반찬으로 먹이기는 쉽지 않지만 이렇게 국물 요리에 더하면 잘 골라 먹는답니다.

재료

칼국수면 1덩어리(175g)
바지락살 1/2컵(40g)
양파 1/4개
애호박 1/6개
당근 1/8개
멸치다시마육수(25쪽) 3컵

양념

국간장 1/2큰술
다진 마늘 약간
소금 약간

만들기

1 양파, 당근, 애호박은 굵게 채 썬다.

2 바지락살은 물에 헹구고, 칼국수면은 밀가루를 가볍게 털어 낸다.

3 멸치다시마육수가 끓어오르면 칼국수면을 넣고 센 불에서 풀어가며 5분간 끓인다.

4 바지락살, 채소를 넣고 3분, 양념 재료를 넣고 한소끔 끓인다.

어른용으로 만들기

송송 썬 청양고추를 더해요.

달걀떡국

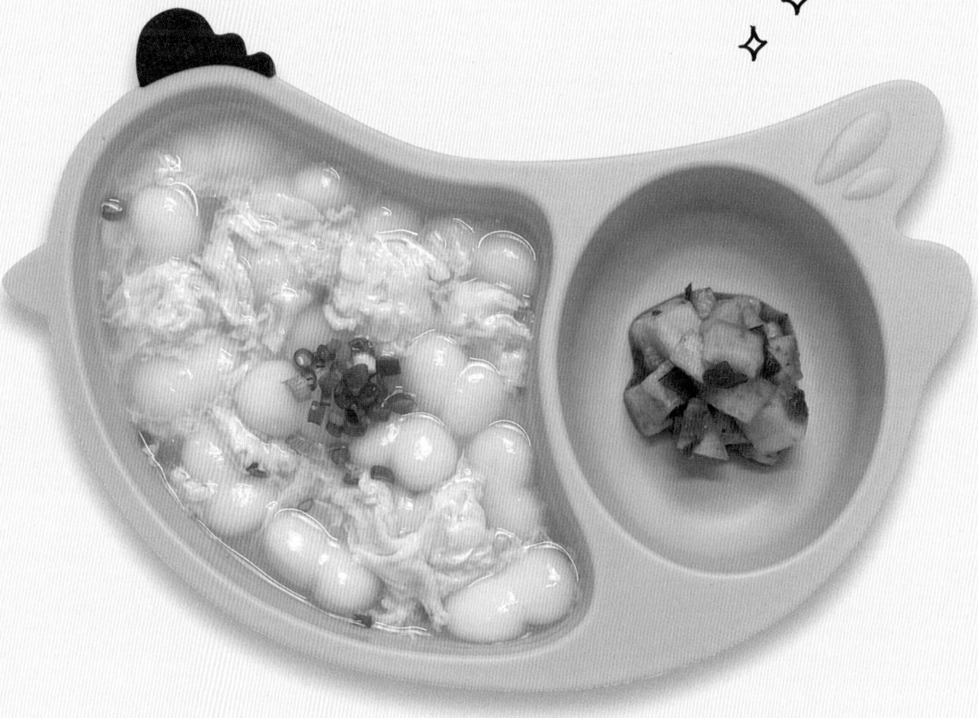

쫄깃쫄깃 귀여운 조랭이떡으로 만든 간단 떡국이에요. 사골육수나 고기가 없을 땐 이렇게 달걀만 풀어서 만들어도 맛이 좋답니다. 물만두를 몇 개 더해 주면 더 든든해요.

재료

조랭이떡 1컵
달걀 1개
멸치다시마육수(25쪽) 2컵

양념

국간장 1/2작은술
다진 파 1작은술
다진 마늘 1/2작은술
소금 약간

만들기

1 조랭이떡은 찬물에 10분간 담근다. 달걀에 소금을 넣고 푼다.

2 멸치다시마육수가 끓어오르면 조랭이떡을 넣고 5분간 끓인다.

3 떡이 떠오르면 달걀물을 붓고 양념 재료를 넣어 한소끔 끓인다.

버섯크림스파게티

아이가 어리면 외식하는 것도 보통 일이 아니지요. 주말 내내 밥 먹기 질릴 때, 외식하고 싶을 때 딱 좋은 메뉴랍니다. 이번 주말엔 홈스토랑에서 마음 편히 외식하세요.

재료

스파게티면 1/2줌(40g)
양송이버섯 2개
베이컨 2줄(또는 소시지 5개)
브로콜리 1/4개
양파 1/4개
아기치즈 1장
우유 1컵
소금 1작은술
무염 버터 1작은술
다진 마늘 약간

만들기

1 양파는 다지고, 양송이버섯과 베이컨은 한입 크기로 썬다.

2 브로콜리는 끓는 물에 살짝 데친 후 한입 크기로 썬다.

3 끓는 물에 스파게티면을 반으로 잘라 넣고 8~10분간 삶는다.

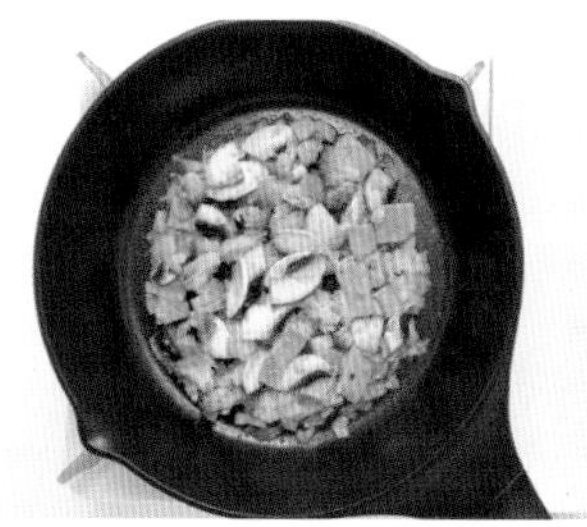

4 달군 팬에 버터, 다진 마늘을 넣고 볶다가 ①, ②의 재료를 넣고 볶는다.

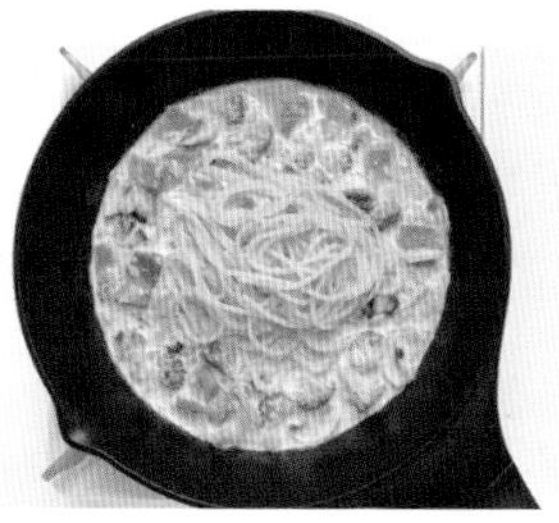

5 우유, 치즈를 넣어 뭉근하게 끓인 후 스파게티면을 넣고 섞는다.

새우토마토스파게티

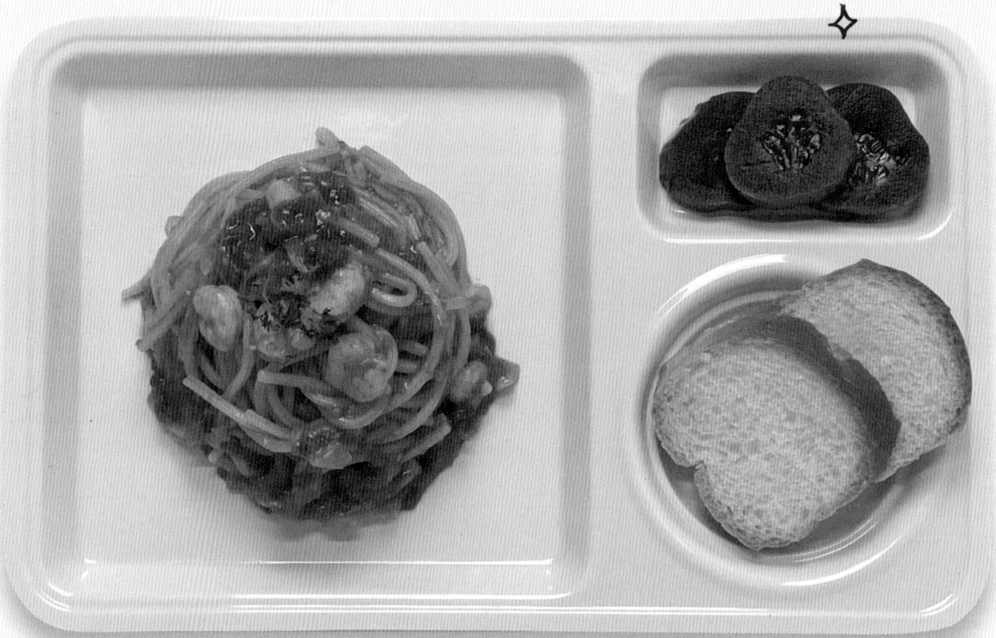

나트륨 함량이 높은 시판 소스 대신 방울토마토를 이용해 소스를 만들어 보세요. 생각보다 맛이 꽤 훌륭해 어른들이 먹기에도 괜찮답니다. 마지막에 바질 등의 허브류를 더하면 향도 더 좋고 멋스러워요.

재료

스파게티면 1/2줌(40g)

칵테일새우 3/4컵
(또는 생새우 3마리)

방울토마토 15개

양파 1/4개

면 삶은 물 1/4컵

토마토케첩 1/2큰술

소금 1작은술

올리브유 약간

다진 마늘 약간

만들기

1 칵테일새우는 흐르는 물에 헹구고, 양파는 다진다.

2 방울토마토는 열십자로 칼집을 낸 후 끓는 물에 살짝 데친다. 껍질을 벗기고 굵게 다진다.

3 끓는 물에 스파게티면을 반으로 잘라 넣고 8~10분간 삶는다. 면 삶은 물 1/4컵을 남겨둔다.

4 달군 팬에 올리브유를 두르고 다진 마늘을 볶다가 칵테일새우, 양파를 넣고 볶는다.

5 방울토마토, 토마토케첩을 넣고 뭉근하게 끓인 후 스파게티면, 면 삶은 물을 넣고 섞는다.

냠냠 TIP

24개월 이하거나 토마토의 식감을 싫어한다면 데친 후 믹서에 갈아서 사용해요.

돈가스, 탕수육, 치킨 같은 메뉴는 아무래도 외식이나 시판 제품으로 많이 먹게 되지요.
이번 파트에서는 직접 만들려면 시간과 정성이 조금 더 필요한 특별 메뉴를 담았어요.
고기나 생선을 이용한 메인 메뉴 한 가지와 그에 어울리는 사이드 메뉴를
한식·양식·중식 등으로 다양하게 구성했습니다.
생일이나 기념일, 특별한 메뉴가 필요한 날 준비해 보세요.

PART 4

특별한 날에 어울리는 일품 식판식

밥 + 유부국
생선커틀릿 + 양배추사과샐러드

생선을 안 먹는 아이라도 생선커틀릿이라면 상황이 달라집니다. 만들기 까다로울 것 같지만 동태포를 사용하면 비교적 쉽게 만들 수 있어요. 생선커틀릿의 단짝! 고소하고 새콤한 타르타르소스도 함께 소개합니다.

유부국

재료

슬라이스 유부 1컵
두부 1/3모(100g)
멸치다시마육수(25쪽) 2컵
다진 파 1작은술
다진 마늘 1/2작은술
국간장 약간
소금 약간

만들기

1 유부는 먹기 좋은 크기로 썰고, 두부는 깍둑 썬다.

2 멸치다시마육수가 끓어오르면 유부, 두부, 국간장, 다진 마늘을 넣고 센 불에서 3분간 끓인다.

3 유부와 두부가 떠오르면 다진 파, 소금을 넣는다.

냠냠 TIP

유부국에 우동면을 넣고 끓이면 간단 우동이 완성돼요.

2

생선커틀릿

재료

동태포 4쪽(120g)
달걀 1개
밀가루 2큰술
빵가루 2큰술
식용유 1/2컵
소금 약간
후춧가루 약간

타르타르소스

삶은 달걀 1개
양파 1/4개
오이피클 4조각(생략 가능)
마요네즈 4큰술
레몬즙(또는 식초) 1큰술
소금 약간

만들기

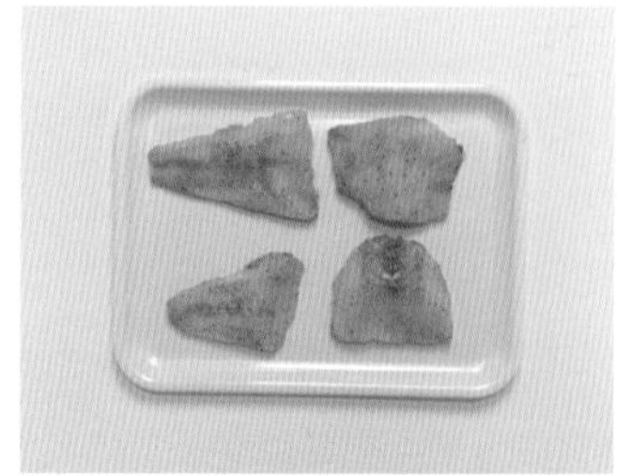

1 동태포의 물기를 제거한 후 소금, 후춧가루를 뿌린다.

2 밀가루 → 달걀물 → 빵가루 순서로 골고루 묻힌다.

* 빵가루는 꾹꾹 누르면서 묻혀야 튀길 때 떨어지지 않아요.

3 팬에 식용유를 넣고 30초간 달군 후 ②을 넣어 노릇하게 튀긴다.

4 소스 재료의 삶은 달걀 흰자는 잘게 다지고, 노른자는 으깬다.

5 양파, 오이피클을 잘게 다진 후 양파는 물에 10분간 담가 매운맛을 뺀다.

6 볼에 타르타르소스 재료를 넣고 섞는다.

양배추사과샐러드

재료

양배추 1/8통

사과 1/4개

소금 1작은술

드레싱

마요네즈 2큰술

레몬즙(또는 식초) 1/2큰술

설탕 1/2작은술

만들기

1 양배추, 사과는 가늘게 채 썬다.

2 양배추에 소금을 뿌려 15~20분간 절인다. 물에 헹군 후 물기를 뺀다.

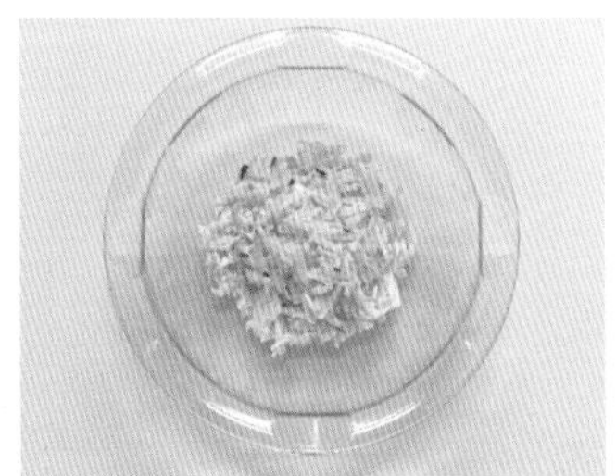

3 볼에 양배추, 사과, 드레싱 재료를 넣고 섞는다.

밥
치킨스테이크 + 채소구이

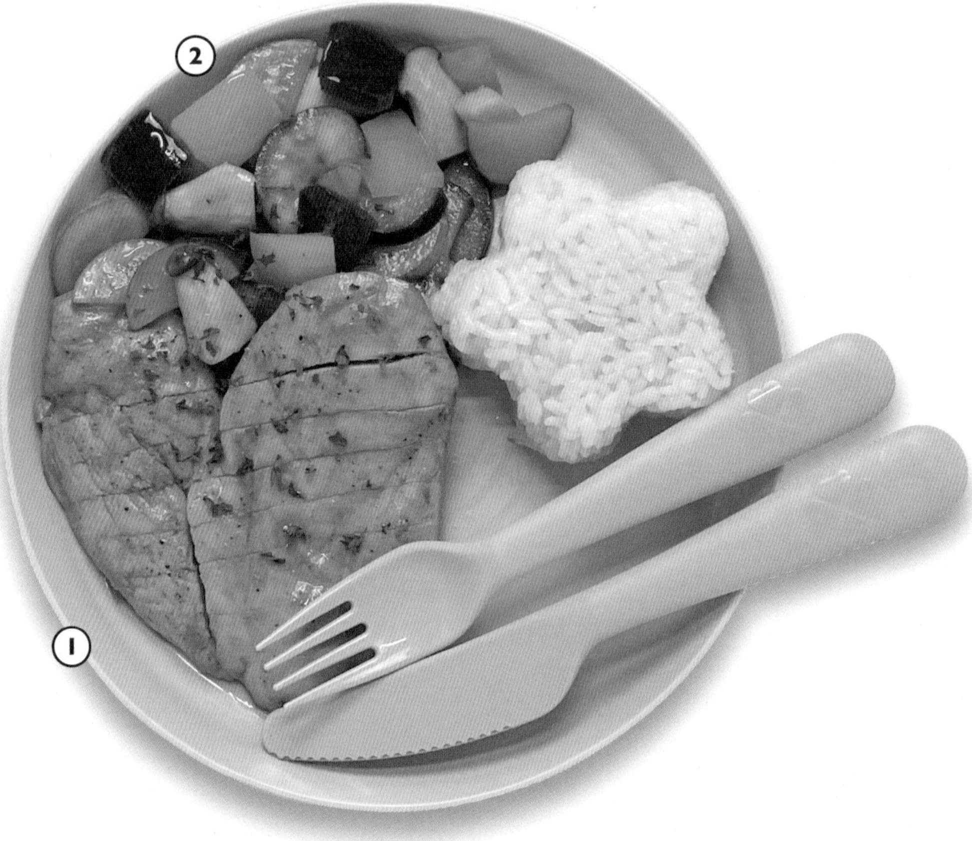

담백한 닭가슴살을 달콤 짭조름한 양념에 구운 메뉴예요. 두께를 반으로 저몄기 때문에 많이 퍽퍽하지 않답니다. 취향에 따라 닭다리살을 사용해도 좋아요.

1

치킨스테이크

재료

닭가슴살 1쪽(또는 닭다리살, 100g)
무염 버터 약간
소금 약간
후춧가루 약간

소스

물 1큰술
간장 1/2큰술
올리고당 1작은술

만들기

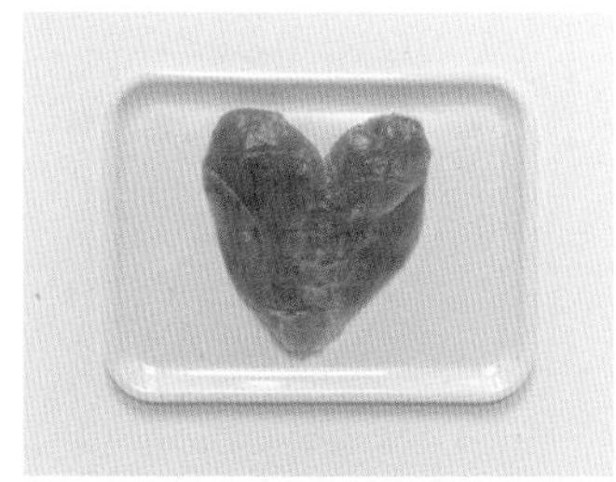

1 닭가슴살을 반으로 저며 펼친 후 군데군데 칼집을 낸다. 소금, 후춧가루를 뿌린다.

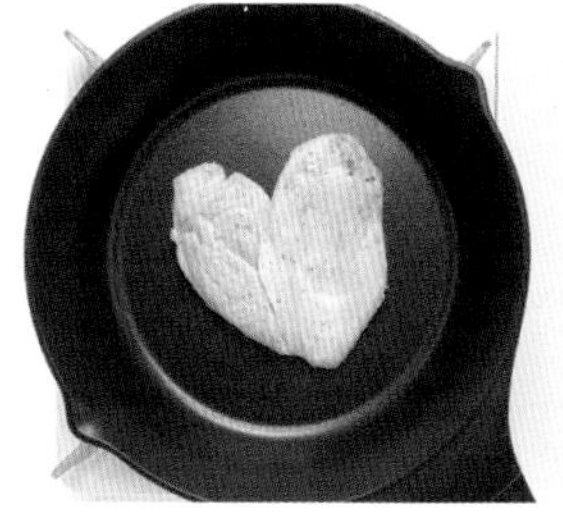

2 달군 팬에 버터를 녹인 후 닭가슴살을 올려 노릇하게 굽는다.

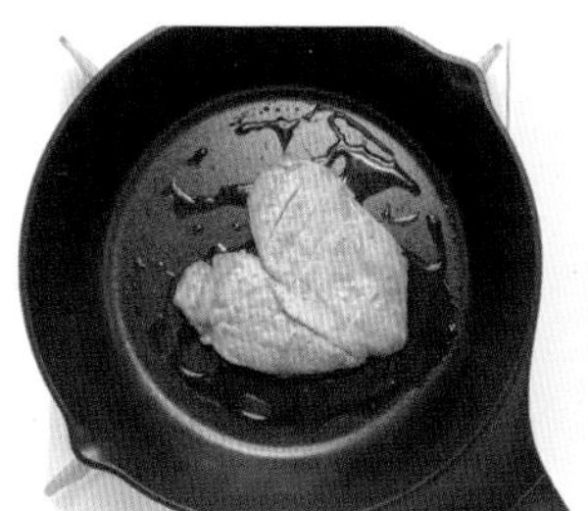

3 소스를 넣고 약불에서 조리듯이 굽는다.

2

채소구이

재료

모둠 채소 2컵
(가지, 애호박, 파프리카, 버섯 등)

소금 약간

올리브유 약간

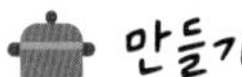

만들기

1 채소는 한입 크기로 썬다.

2 달군 팬에 올리브유를 두르고 채소, 소금을 넣어 노릇하게 굽는다.

냠냠 TIP

토마토, 파인애플, 사과 등의 과일을 함께 구워도 좋아요.

밥
바지락미역국 + 등갈비찜

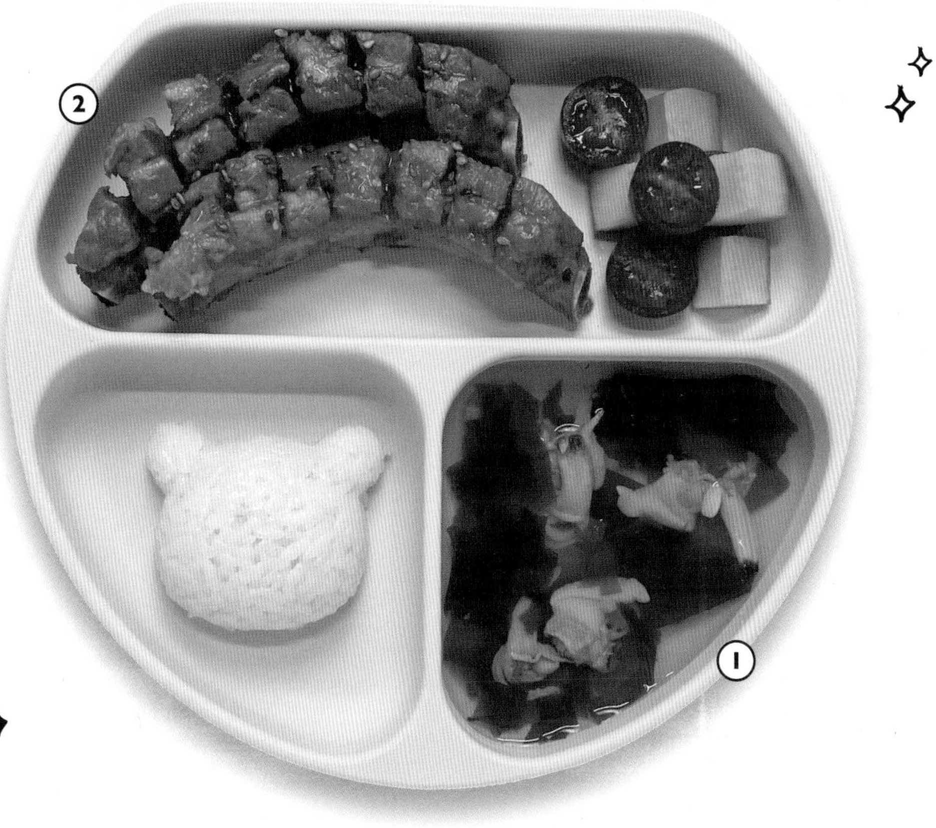

'생일상' 하면 미역국에 갈비찜이 가장 먼저 떠오르죠. 매년 쇠고기 미역국에 갈비찜은 조금 식상하니까, 이번엔 조금 특별하게 준비해 보는 건 어떨까요? 보기만 해도 푸짐한 등갈비찜과 그에 어울리는 깔끔한 바지락미역국을 소개합니다.

1

바지락미역국

재료

바지락살 1/2컵(40g)
자른 미역 1컵
물 3컵
국간장 1작은술
다진 마늘 약간

만들기

1 미역은 10분간 불리고, 바지락살은 흐르는 물에 헹군다.

2 냄비에 물, 미역을 넣고 센 불에서 끓어오르면 국간장을 넣어 중불에서 10~20분간 끓인다.

3 바지락살, 다진 마늘을 넣고 한소끔 끓인다.
* 바지락살은 오래 끓이면 질겨져요.

2

등갈비찜

재료

돼지 등갈비 7대(250g)

고기 삶는 물

대파 10cm

양파 1/4개

마늘 5쪽

물 2컵

양념

간장 3큰술

맛술 1/2큰술

올리고당 1/2큰술

물 1/2컵

다진 마늘 약간

참기름 약간

만들기

1 냄비에 고기 삶는 물 재료를 넣고 끓어오르면 등갈비를 넣고 센 불에서 10분간 삶는다.

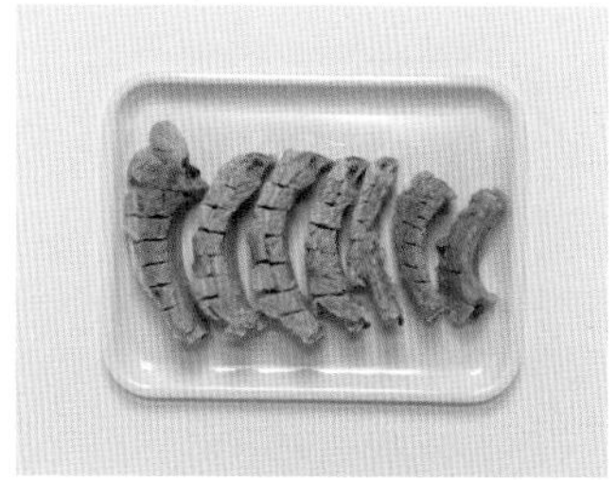

2 등갈비를 흐르는 물에 씻어 불순물을 제거한 후 칼집을 낸다.

3 냄비에 등갈비, 양념을 넣고 뚜껑을 덮어 20~30분간 조린다.

* 양념이 잘 배도록 중간중간 뒤집어요.

밥
순살닭강정 + 치킨무

요즘 사 먹는 치킨 값이 너무 비싸죠. 닭다리살 한 팩이면 온 가족이 푸짐하게 닭강정을 즐길 수 있답니다. 적당량의 기름으로 팬에 굽듯이 익히기 때문에 만드는 부담도, 칼로리에 대한 걱정도 줄일 수 있어요.

1

순살닭강정

재료

닭다리살 3쪽
(또는 닭안심 9쪽, 270g)

녹말가루(또는 튀김가루) 약간

식용유 1/2컵

소금 약간

후춧가루 약간

양념

물 3큰술

간장 2큰술

올리고당 1큰술

식초 1/2큰술

다진 마늘 1작은술

만들기

1 닭다리살을 한입 크기로 썬 후 소금, 후춧가루를 뿌린다.

2 위생백에 닭다리살, 녹말가루를 넣고 골고루 묻힌 후 살살 털어낸다.

3 팬에 식용유를 넣고 30초간 달군 후 닭다리살을 노릇하게 튀겨 덜어둔다.

4 팬을 닦고 양념을 넣는다. 약불에서 끓어오르면 튀긴 닭다릿살을 넣어 조린다.

어른용으로 만들기

고운 고춧가루 1/2큰술, 고추장 1/2큰술, 토마토케첩 1큰술을 추가해요.

냠냠 TIP

양념에 토마토케첩 1/2큰술을 더하면 양념 치킨으로 변신!

2

치킨무

재료

무 1/4개
물 2컵
설탕 1컵
식초 1컵
소금 1큰술

만들기

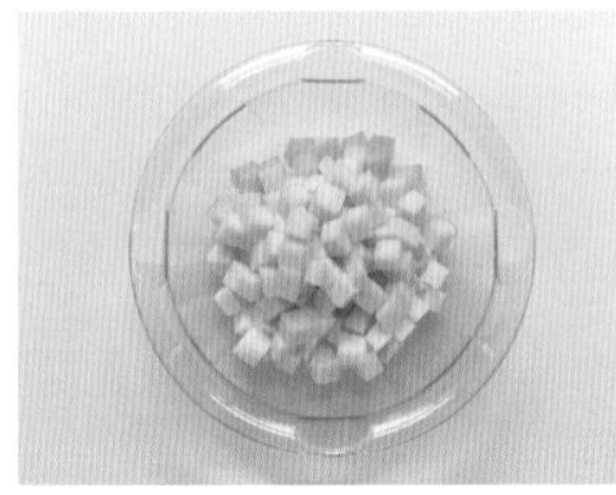

1 무는 한입 크기로 깍둑 썬다.
* 얇게 썰어서 쌈무로 만들어도 좋아요.

2 냄비에 물, 설탕, 소금을 넣고 센 불에서 3분간 끓인 후 식초를 넣는다.

3 열탕 소독한 용기에 무를 담고 ②의 물을 용기의 80%만 붓는다. 한 김 식힌 후 뚜껑을 닫고 실온에서 1일간 숙성시킨다.
* 이후에는 냉장 보관해요.

냥냥 TIP

열탕 소독은 냄비에 물을 붓고 병을 거꾸로 세워 끓이면 돼요.

밥 + 양송이수프(44쪽)
돈가스 + 과일요거트샐러드

돈가스는 외식이나 시판 제품으로 특히 자주 접하는 메뉴죠. 조금 손은 가지만 넉넉히 만들어 냉동실에 얼려두면 반찬 없을 때 든든한 지원군이 된답니다. 곁들이는 과일요거트샐러드는 평소 간식으로 챙겨 줘도 좋아요.

I

돈가스

재료

돼지고기 안심(또는 등심) 100g
달걀 1개
밀가루 2큰술
빵가루 2큰술
식용유 1/2컵
소금 약간
후춧가루 약간

만들기

1 돼지고기를 칼등으로 충분히 두드린 후 소금, 후춧가루를 뿌린다.

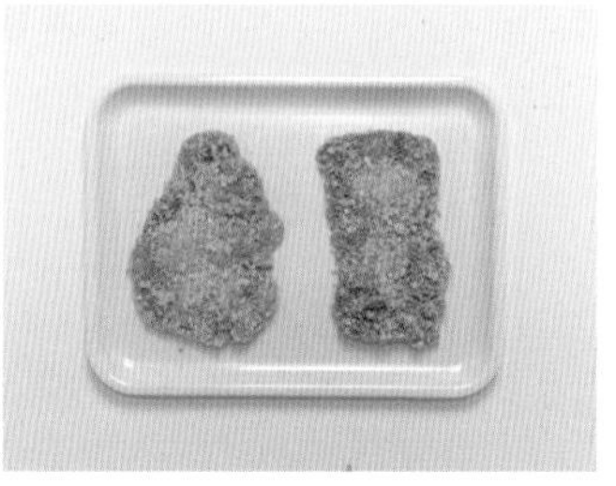

2 밀가루 → 달걀물 → 빵가루 순서로 골고루 묻힌다.

* 빵가루는 꾹꾹 누르면서 묻혀야 튀길 때 떨어지지 않아요.

3 팬에 식용유를 넣고 30초간 달군 후 ②를 넣어 노릇하게 튀긴다.

2

과일요거트샐러드

재료

모둠 과일 2컵
어린잎 채소 1줌
플레인 요거트 1통(80g)
레몬즙 1작은술(생략 가능)
꿀 1/2작은술

만들기

1 과일을 먹기 좋은 크기로 썬다.

2 어린잎 채소는 헹군 후 물기를 뺀다.

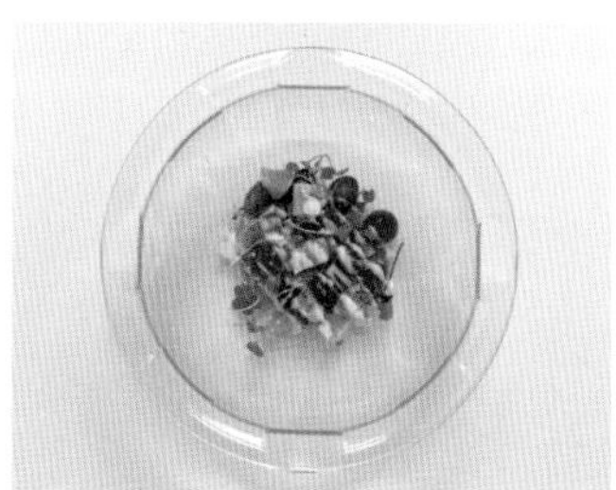

3 볼에 모든 재료를 넣고 섞는다.

냠냠 TIP

요거트의 당도에 따라 꿀의 양을 조절하세요. 견과류를 더해도 좋아요.

밥 + 팽이맑은국
수육 + 양배추찜 + 두부쌈장(123쪽)

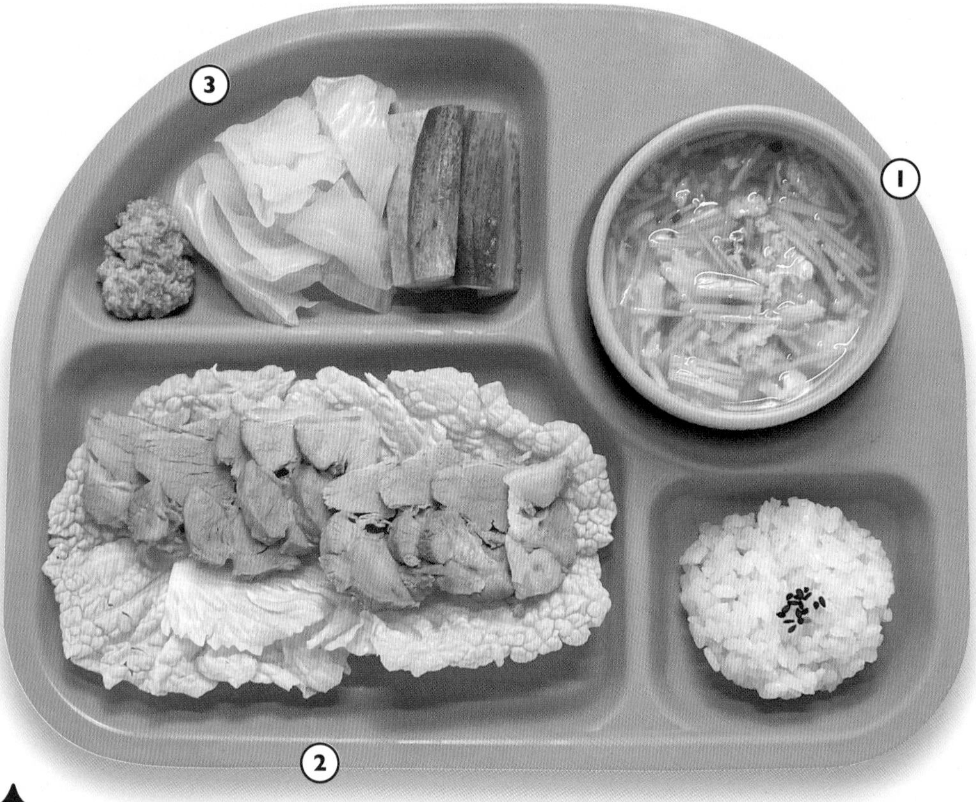

수육에는 흔히 삼겹살이나 목살을 사용하는데요, 아이들과 함께 먹기엔 기름기가 적고 쫄깃한 사태가 좋답니다. 양배추찜에 고기 한 점, 두부쌈장을 올려 쌈으로 즐겨 보세요.

1

팽이맑은국

재료

팽이버섯 1/2줌
달걀 1개
멸치다시마육수(25쪽) 2컵
다진 마늘 1/2작은술
다진 파 1작은술
국간장 약간
소금 약간

만들기

1 팽이버섯은 먹기 좋은 크기로 썰고, 달걀은 소금을 넣어 푼다.

2 멸치다시마육수가 끓어오르면 팽이버섯, 다진 마늘, 국간장을 넣고 3분간 끓인다.

3 달걀물을 붓는다.

4 다진 파, 소금을 넣고 한소끔 끓인다.

2

수육

재료

돼지고기 사태 300g
대파 10cm 2대
양파 1/2개
마늘 5쪽
된장 1큰술
물 4컵

만들기

1 냄비에 물을 붓고 된장을 푼다. 대파, 양파, 마늘을 넣고 센불에서 끓인다.

2 팔팔 끓어오르면 돼지고기를 넣고 센불에서 10분, 중불에서 30~40분간 삶는다.

* 물이 팔팔 끓어오를 때 고기를 넣어야 질기지 않고 육즙도 빠져나가지 않아요.

3 돼지고기를 건진 후 먹기 좋은 크기로 썬다.

양배추찜

재료

양배추 1/4통

물 3컵

소금 약간

만들기

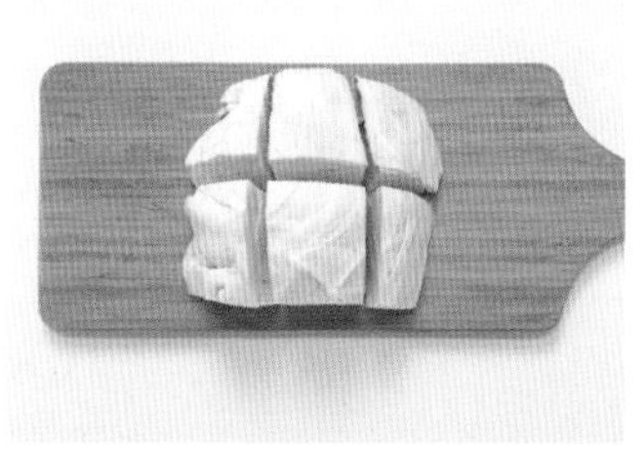

1 양배추는 사진과 같이 6등분 한다.

2 냄비에 물, 소금을 넣고 끓어오르면 양배추를 넣고 센 불에서 5분간 삶는다.

밥
햄버그스테이크 + 콘샐러드

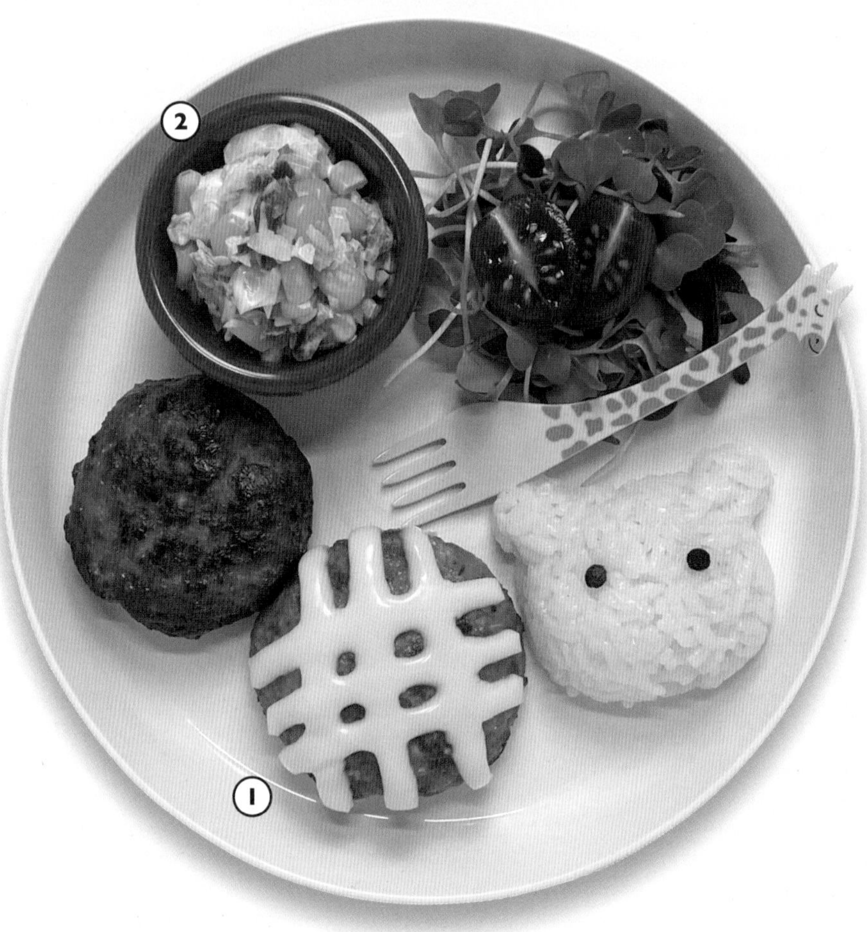

특별한 날엔 스테이크를 빼놓을 수 없죠. 햄버그스테이크는 다진 고기로 만들어 부드럽기 때문에 아이들이 먹기 좋답니다. 소스를 곁들여도 좋지만 사진처럼 치즈로 장식하면 맛도 있고 보기도 좋아요.

1

햄버그스테이크

재료

다진 쇠고기 100g
다진 돼지고기 100g
양파 1/4개
달걀 1개
빵가루(또는 밀가루) 1/2컵
토마토케첩 1/2큰술
식용유 약간

밑간

맛술 1큰술
다진 마늘 1작은술
소금 약간
후춧가루 약간

냠냠 TIP

보관할 때는 반죽을 하나씩 랩에 감싸 냉동실에 넣어 두었다가 해동 없이 구워요.

만들기

1 양파는 잘게 다지고, 고기는 핏물을 제거한다. 볼에 쇠고기, 돼지고기, 밑간 재료를 섞는다.

2 달군 팬에 식용유를 두르고 양파를 볶은 후 한 김 식힌다.

3 ①의 고기에 볶은 양파, 달걀, 빵가루, 토마토케첩을 넣고 치대면서 반죽한다.

4 반죽을 6등분한 후 둥글넓적하게 빚는다.

* 너무 두껍게 빚지 않도록 주의해요.

5 달군 팬에 식용유를 두르고 센 불에서 겉면을 익힌 후 약불에서 천천히 익힌다.

* 고기가 두꺼운 경우는 물을 약간 넣고 뚜껑을 덮어요.

콘샐러드

재료

통조림 옥수수 1컵
양파 1/4개
파프리카 1/6개
마요네즈 1큰술
레몬즙(또는 식초) 1/2큰술
설탕 1작은술

만들기

1 통조림 옥수수는 체에 밭쳐 뜨거운 물을 붓는다.

2 양파, 파프리카를 잘게 다진다. 양파는 물에 10분간 담가 매운맛을 뺀다.

3 볼에 모든 재료를 담고 골고루 섞는다.

밥
닭봉간장조림 + 코울슬로

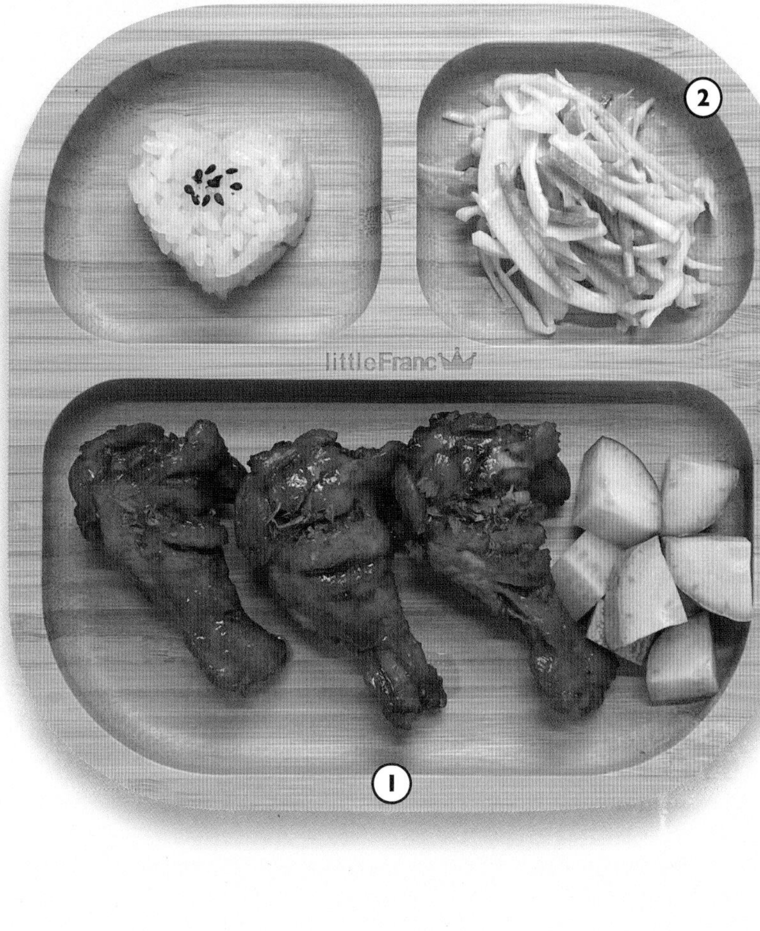

'미니 닭다리'라고 불리는 닭봉은 닭 날개의 윗부분이에요. 크기가 작아서 아이들이 들고 먹기 적당하지요. 새콤달콤한 코울슬로는 채소를 안 먹는 아이들에게 샐러드 대용으로 만들어 주기 좋아요. 다양한 요리에 곁들여 보세요.

닭봉간장조림

재료

닭봉 9개(또는 윙, 300g)

우유 1/2컵

밑간

맛술 1큰술

다진 마늘 1/2작은술

소금 약간

후춧가루 약간

양념

간장 3큰술

올리고당 1큰술

참기름 1/2작은술

물 1컵

만들기

1 닭봉에 2~3군데씩 칼집을 낸다.

2 우유에 20분간 담갔다가 건진 후 밑간 재료와 섞는다.

3 냄비에 닭봉, 양념을 넣고 약불에서 20~30분간 조린다.

* 양념이 잘 배도록 중간중간 뒤집어요.

코울슬로

재료

양배추 1/8통
당근 1/6개
소금 1작은술
마요네즈 1큰술
레몬즙(또는 식초) 1/2큰술
설탕 1작은술

만들기

1 양배추, 당근은 가늘게 채 썬다.

2 양배추, 당근에 소금을 뿌려 15~20분간 절인다. 물에 헹군 후 물기를 뺀다.

3 볼에 모든 재료를 넣고 섞는다.

밥
물만둣국 + 과일탕수육

사 먹는 탕수육은 소스가 지나치게 시고 달아 아이가 먹기에 자극적이에요. 소스에 과일을 듬뿍 넣으면 새콤달콤한 맛을 자연스럽게 낼 수 있답니다. 고기 대신 버섯이나 두부를 사용해 만들어도 좋아요.

1

물만둣국

재료

물만두 15개
달걀 1개
쪽파 1줄기
멸치다시마육수(25쪽) 2컵
다진 마늘 1/2작은술
국간장 약간
소금 약간

만들기

1 쪽파는 송송 썰고, 달걀은 소금을 넣어 푼다.

2 멸치다시마육수가 끓어오르면 물만두, 다진 마늘, 국간장을 넣고 끓인다.

3 물만두가 떠오르면 달걀물을 붓고 소금, 쪽파를 넣는다.

2

과일탕수육

재료

돼지고기 안심(또는 등심) 120g
양파 1/4개
당근 1/8개
모둠 과일(사과, 파인애플 등) 2/3컵
소금 약간
후춧가루 약간
물 1/2컵
녹말가루 1/2컵
튀김가루 1큰술
달걀흰자 1개분
식용유 1/2컵
녹말물(물 3큰술+녹말가루 1작은술)

소스
물 1컵
설탕 5큰술
간장 3큰술
식초 3큰술

냥냥 TIP

아이가 어릴 경우 돼지고기와 채소를 다져 동그랗게 빚은 후 튀겨요.

만들기

1 돼지고기는 4cm 길이로 썬 후 소금, 후춧가루를 뿌린다.

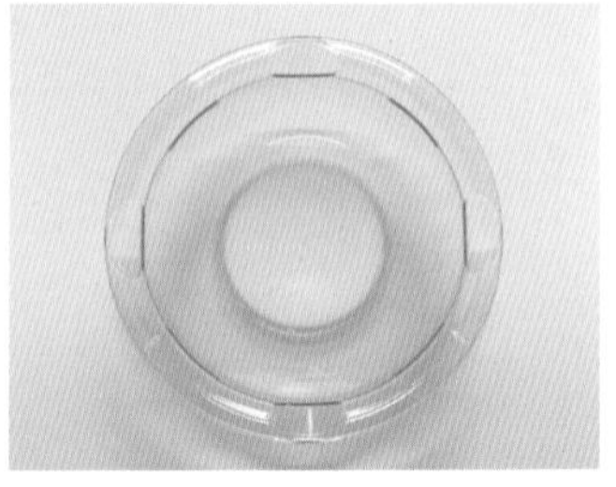

2 물 1/2컵에 녹말가루를 섞은 후 녹말이 가라앉으면 윗물을 따라낸다.

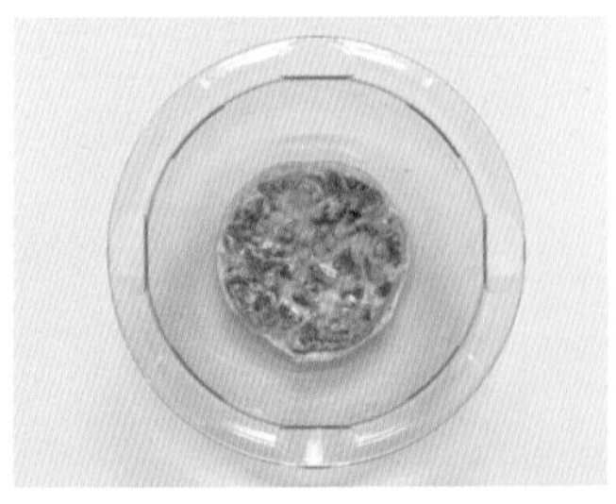

3 ②의 볼에 튀김가루, 달걀흰자, 돼지고기를 넣고 섞는다.

4 팬에 식용유를 넣고 30초간 달군 후 돼지고기를 하나씩 넣어 노릇하게 튀긴다.

5 양파, 당근, 과일을 한입 크기로 썬다.

6 냄비에 소스 재료를 넣고 끓어오르면 ⑤를 넣는다. 녹말물로 농도를 맞춘다.

SPECIAL

삼계탕
채소스틱&두부쌈장

①

②

닭 속에 찹쌀까지 넣어 제대로 끓이는 삼계탕입니다. 조금 번거롭긴 하지만 일 년에 한두 번, 온 가족 보양식으로 이만 한 것이 없지요. 채소스틱에 곁들이는 쌈장에는 으깬 두부를 섞어 염도를 낮췄답니다.

삼계탕

재료

닭 1마리(530g)
찹쌀 3큰술
밤 3개
대추 2개
소금 약간

국물

대파 10cm 2대
양파 1/2개
마늘 7쪽
물 5컵

만들기

1 닭을 깨끗이 씻은 후 목, 날개 끝, 꼬리 부분의 지방을 제거한다.

2 찹쌀은 씻은 후 30분간 불린다.

3 닭의 뱃속에 밤 → 찹쌀 → 대추 순으로 넣는다. 다리 안쪽에 칼집을 낸 후 각각 반대쪽 다리를 끼워 넣는다.

* 이 순서대로 넣어야 찹쌀이 밖으로 나오지 않아요.

4 냄비에 국물 재료를 넣고 센 불에서 끓어오르면 닭을 넣고 중불에서 40분간 삶은 후 소금을 넣는다.

냠냠 TIP

아이가 24개월 이하거나 깔끔하게 끓이고 싶다면 닭의 껍질을 벗겨도 좋아요.

채소스틱&두부쌈장

재료

오이 1/4개
파프리카 1/3개
두부 1/3모(100g)

양념

된장 2큰술
들깨가루 1큰술
매실액(또는 올리고당) 1/2큰술
참기름 1작은술
다진 마늘 약간

만들기

1 채소는 스틱 모양으로 썬다.

2 두부는 면포에 싸서 물기를 짠 후 으깬다.

3 볼에 두부, 양념 재료를 넣고 섞는다.

밥, 국, 반찬으로 구성된 가장 일상적인 식판식이에요.
평일 저녁이나 주말처럼 가족이 함께 식탁에 앉는 날이면
아이 밥 따로, 엄마 아빠 밥 따로 준비하느라 정신이 쏙 빠지곤 하죠.
그럴 땐 아이 반찬에 양념 하나, 재료 하나만 바꿔 보세요.
손쉽게 온 가족 식사를 완성할 수 있답니다.

PART 5

엄마 아빠와 함께 먹는 매일 식판식

밥 + 양배추된장국
불고기 + 애호박나물

양배추를 사서 먹다 보면 남아서 처치 곤란할 때가 한두 번이 아니죠. 그럴 땐 된장국을 끓여 보세요. 양배추의 달큼한 맛 덕분에 색다른 된장국을 맛볼 수 있답니다. 불고기는 별도의 간을 더하지 않아도 엄마 아빠와 함께 먹기 좋아요.

1

양배추된장국

재료

양배추 3장
두부 1/2모(150g)
된장 1큰술
다진 마늘 1/2작은술
멸치다시마육수(25쪽) 3컵

만들기

1 양배추와 두부는 한입 크기로 썬다.

2 멸치다시마육수에 된장을 체에 밭쳐 푼다.

3 국물이 끓어오르면 양배추를 넣고 5분간 끓인다.

4 두부, 다진 마늘을 넣고 한소끔 끓인다.

불고기

재료

쇠고기 불고기용 200g
양파 1/4개
당근 1/8개
배 1/4개
참기름 1/2큰술
식용유 약간

양념

간장 2큰술
올리고당 1큰술
다진 파 1큰술
다진 마늘 1/2큰술
후춧가루 약간

만들기

1 양파와 당근은 채 썰고, 쇠고기는 핏물을 제거한 후 먹기 좋은 크기로 썬다.

2 배는 믹서기에 갈아 양념 재료와 섞는다. 쇠고기를 양념에 30분간 재운다.

3 달군 팬에 식용유를 두르고 재워둔 쇠고기, 양파, 당근을 볶는다.

4 쇠고기의 겉면이 익으면 참기름을 두르고 30초~1분간 센 불에서 볶는다.

3

애호박나물

재료

애호박 1/2개
양파 1/4개
당근 1/6개
들기름 1큰술
다진 마늘 1/2작은술
새우젓 약간
깨소금 약간

만들기

1 양파, 당근, 애호박은 채 썬다.

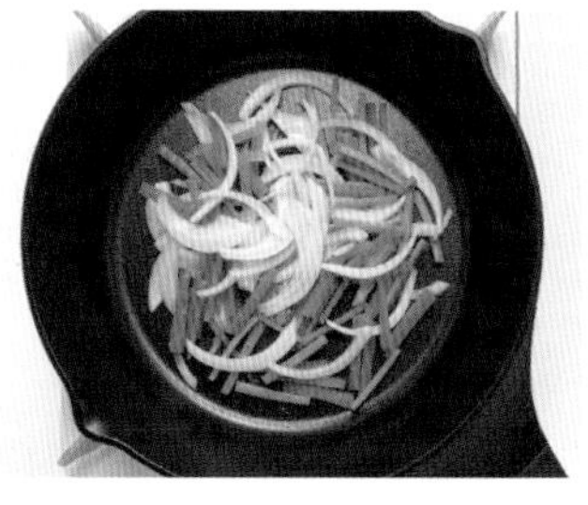

2 달군 팬에 들기름을 두르고 다진 마늘, 양파, 당근을 볶는다.

3 양파와 당근이 반 정도 익으면 애호박, 새우젓을 넣고 볶은 후 깨소금을 넣는다.

밥 + 쇠고기뭇국
두부조림 + 멸치견과볶음 + 김치

쇠고기와 무는 궁합이 좋아 이유식에서부터 익숙하게 사용하는 재료지요. 멸치액젓으로 맛을 내 감칠맛이 좋은 쇠고기뭇국에 식물성 단백질이 가득한 두부조림, 칼슘 듬뿍 멸치볶음을 더한 건강하고 맛있는 한 끼입니다.

쇠고기뭇국

재료

쇠고기 양지(또는 사태) 80g
무(두께 5cm) 1토막
다진 파 1/2큰술
다진 마늘 1/2작은술
참기름 1큰술
멸치액젓 1/2큰술
물 3컵
소금 약간

만들기

1 무는 나박 썰고, 쇠고기는 핏물을 제거한 후 먹기 좋은 크기로 썬다.

2 달군 냄비에 참기름을 두르고 다진 마늘, 쇠고기, 무를 볶는다.

3 쇠고기 겉면이 익으면 물을 넣고 센 불에서 끓인다.

4 끓어오르면 다진 파, 멸치액젓, 소금을 넣고 한소끔 끓인다.

2

두부조림

재료

두부 1/2모(150g)
식용유 약간
참기름 약간
깨소금 약간

양념

간장 1큰술
올리고당 1/2큰술
다진 파 1큰술
다진 마늘 1작은술

만들기

1 두부는 먹기 좋은 크기로 넙적하게 썬다.

2 달군 팬에 식용유를 두르고 두부를 굽는다.

3 두부가 노릇하게 익으면 양념 재료를 섞어 붓는다.

4 양념이 거의 남지 않을 때까지 약불에서 조린 후 참기름, 깨소금을 넣는다.

3

멸치견과볶음

재료

잔멸치 1컵
견과류(땅콩, 아몬드, 호두 등) 1/3컵
간장 1작은술
올리고당 1/2큰술
다진 마늘 1/2작은술
식용유 약간
참기름 약간
통깨 약간

만들기

1 마른 팬에 멸치를 넣고 가볍게 볶은 후 체에 밭쳐 부스러기를 제거한다.

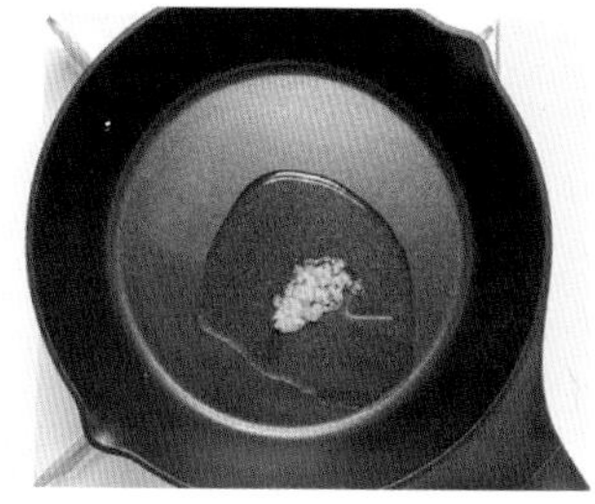

2 달군 팬에 식용유, 다진 마늘을 넣고 약불에서 볶는다.

3 멸치, 견과류, 간장, 올리고당을 넣고 약불에서 볶는다.

4 참기름, 통깨를 넣고 섞는다.

밥 + 시금치된장국
달걀말이 + 들깨무나물

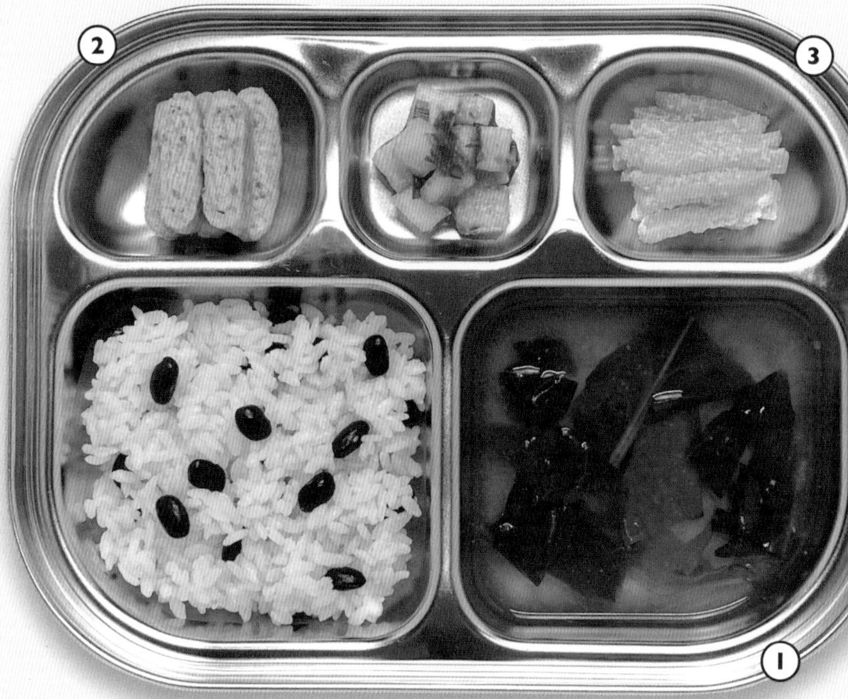

구수한 시금치된장국과 부드러운 무나물, 아이들이 좋아하는 달걀말이까지. 담백한 메뉴로 구성된 소박한 식판이에요. 아이가 무나물의 식감을 어색해한다면 무를 더 가늘게 채 썰어 주세요.

1

시금치된장국

재료

시금치 2줌
된장 1큰술
다진 마늘 1/2작은술
멸치다시마육수(25쪽) 3컵

만들기

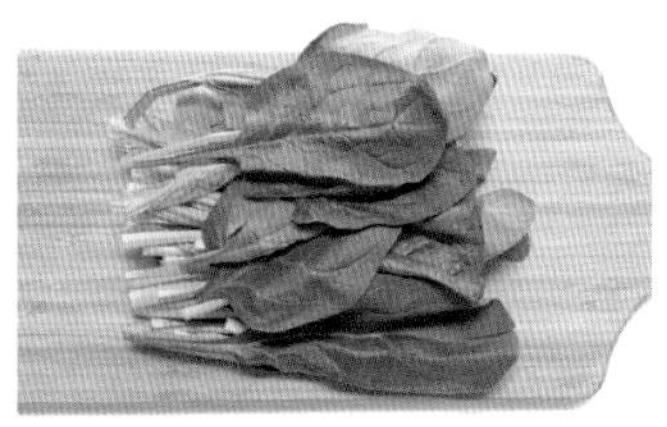

1 시금치의 뿌리 부분을 다듬는다.

2 멸치다시마육수에 된장을 체에 밭쳐 푼다.

3 국물이 끓어오르면 시금치, 다진 마늘을 넣고 5분간 끓인다.
* 시금치는 오래 끓이면 식감이 좋지 않아요.

2

달걀말이

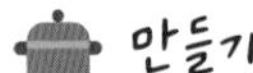

재료

달걀 3개
모둠 채소(당근, 부추 등) 1/2컵
소금 약간
식용유 약간

만들기

1 채소는 다진다. 달걀에 소금을 넣고 푼 후 다진 채소를 섞는다.

2 달군 팬에 식용유를 두른 후 약불에서 달걀물 3큰술을 떠 올린다.

3 가장자리가 익기 시작하면 돌돌 만다.

4 한 김 식힌 후 먹기 좋은 크기로 썬다.

3

들깨무나물

재료

무(두께 5cm) 1토막
들깻가루 1큰술
들기름 1큰술
물 5큰술
다진 마늘 약간
소금 약간

만들기

1 무를 채 썬다.

2 달군 팬에 들기름, 다진 마늘을 넣고 볶다가 무, 물을 넣어 볶는다.

3 무가 반투명해지면 들깻가루, 소금을 넣고 투명해질 때까지 익힌다.

DAILY

밥 + 애호박새우젓국
간장제육볶음 + 숙주무침

아이들이 먹을 수 있도록 달콤 짭조름한 간장 양념으로 제육볶음을 만들었어요. 고기 한 점에 아삭한 숙주나물을 올려 먹으면 맛도 영양도 굿이랍니다.

애호박새우젓국

재료

애호박 1/2개
두부 1/2모(150g)
새우젓 1작은술
다진 마늘 1/2작은술
멸치다시마육수(25쪽) 3컵

만들기

1 애호박은 부채꼴 모양으로 썰고, 두부는 깍둑 썬다.

2 멸치다시마육수가 끓어오르면 애호박, 새우젓을 넣고 5분간 끓인다.

3 두부, 다진 마늘을 넣고 한소끔 끓인다.

2

간장제육볶음

재료

돼지고기 불고기용
(또는 앞다리살) 160g

양파 1/4개

당근 1/8개

식용유 약간

양념

간장 2큰술

올리고당 1/2큰술

다진 파 1큰술

다진 마늘 1작은술

매실액 1작은술

참기름 1작은술

후춧가루 약간

만들기

1 돼지고기는 먹기 좋은 크기로 썬 후 양념에 30분간 재운다.

2 양파, 당근은 채 썬다.

3 달군 팬에 식용유를 두른 후 돼지고기를 볶는다.

4 돼지고기 겉면이 익으면 양파, 당근을 넣고 센 불에서 볶는다.

3

숙주무침

재료

숙주 2줌
부추 1/2줌

양념

참기름 1/2큰술
깨소금 1작은술
소금 약간

만들기

1 부추는 3cm 길이로 썰고, 숙주는 흐르는 물에 가볍게 헹군다.

2 끓는 물에 숙주, 소금 약간을 넣고 센 불에서 30초간 데친다.
* 데친 후 바로 건져요.

3 물기를 짠 후 2~4등분한다.

4 볼에 모든 재료를 넣고 무친다.

밥 + 배추맑은국
두부스테이크 + 어묵케첩볶음 + 김치

두부를 편식하는 아이들이 제 손으로 두부를 먹게 만드는 마법의 메뉴, 두부스테이크를 소개합니다. 토마토케첩을 넣고 볶은 어묵 또한 아이들이 참 좋아하는 메뉴예요. 어묵을 고를 땐 어육 함량을 꼭 확인하세요.

배추맑은국

재료

알배기배추 3장
무(두께 2cm) 1토막
다진 마늘 1/2작은술
다진 파 1작은술
멸치다시마육수(00쪽) 3컵
국간장 1/2작은술
소금 약간

만들기

1 알배기배추, 무는 한입 크기로 썬다.

2 냄비에 멸치다시마육수, 무를 넣고 5분간 끓인다.

3 무가 반투명해지면 알배기배추, 다진 마늘을 넣는다.

4 알배기배추가 익으면 다진 파, 국간장, 소금을 넣는다.

냥냥 TIP

불린 당면을 과정 ③에서 넣어도 별미예요.

2

두부스테이크

재료

두부 1/2모(150g)

모둠 채소(양파, 당근, 부추 등) 2/3컵

식용유 약간

반죽

달걀 1개

밀가루 1/2큰술

전분가루 1/2큰술

소금 약간

후춧가루 약간

만들기

1 채소는 곱게 다지고, 두부는 면포에 싸서 물기를 짠 후 으깬다.

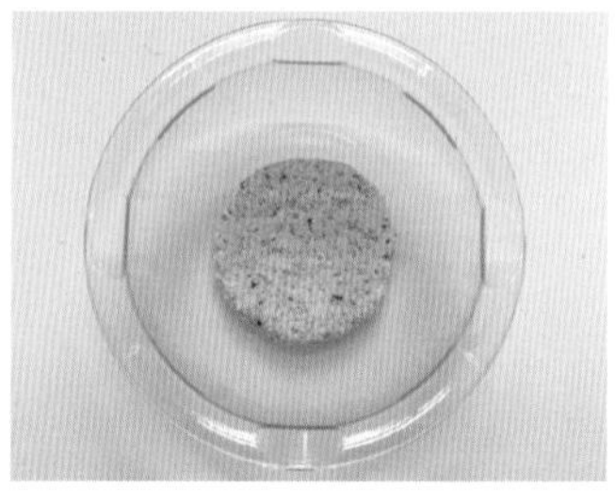

2 볼에 두부, 채소, 반죽 재료를 넣고 골고루 치대면서 섞는다.

3 반죽을 6등분한 후 둥글넓적하게 빚는다.

4 달군 팬에 식용유를 두르고 ③을 넣어 약불에서 노릇하게 굽는다.

냠냠 TIP

보관할 때는 반죽을 하나씩 랩에 감싸 냉동실에 넣어 두었다가 해동 없이 구워요.

어묵케첩볶음

재료

납작어묵 3장(120g)
당근 1/8개
양파 1/4개
식용유 약간

양념

토마토케첩 1큰술
올리고당 1/2큰술
간장 1작은술
다진 마늘 1작은술

만들기

1 어묵, 당근, 양파는 먹기 좋은 크기로 썬다. 끓는 물에 어묵을 넣고 10초간 데친다.
* 당근은 두껍게 썰지 않도록 주의해요.

2 달군 팬에 식용유를 두르고 마늘을 넣어 약불에서 볶는다.

3 어묵, 당근, 양파, 양념 재료를 넣고 볶는다.

밥 + 순두부백탕
삼치무조림 + 감자채볶음 + 김치

삼치는 고등어, 꽁치와 함께 대표적인 등푸른 생선으로 두뇌 발달에 필요한 DHA, EPA 등을 함유하고 있어요. 껍질에 영양소가 풍부하지만, 생선을 거부하는 아이라면 껍질을 벗겨내고 주는 것도 방법이에요.

1

순두부백랑

재료

순두부 1봉(350g)
달걀 1개
멸치액젓 1/2큰술
다진 마늘 1/2작은술
멸치다시마육수(25쪽) 3컵
소금 약간

만들기

1 달걀은 소금을 넣어 풀고, 순두부는 먹기 좋은 크기로 자른다.

2 멸치다시마육수가 끓어오르면 순두부, 멸치액젓, 다진 마늘을 넣고 5분간 끓인다.

3 달걀물을 붓고 한소끔 끓인다.

어른용으로 만들기

마지막에 고추기름을 더하거나 청양고추를 송송 썰어 넣어요.

2

삼치무조림

재료

순살 삼치(10x8cm) 1토막(130g)
무(두께 2cm) 1토막
전분 1/2큰술
식용유 약간

양념

간장 1큰술
맛술 1큰술
올리고당 1큰술
설탕 1/2큰술
다진 파 1큰술
다진 마늘 1작은술
물 1/3컵
후춧가루 약간

냠냠 TIP

비린내에 예민한 아이들은 생선 껍질을 벗기고 요리하거나 과정 ②에서 카레가루 1큰술을 더해요.

만들기

1 무는 나박 썰고, 삼치는 물기를 제거한 후 먹기 좋은 크기로 썬다.

2 위생백에 전분가루와 삼치를 넣고 묻힌 후 살살 털어낸다.
* 전분을 묻히면 생선살이 쉽게 부서지지 않아요.

3 달군 팬에 식용유를 두르고 삼치를 올려 노릇하게 굽는다.

4 냄비에 무를 깔고 양념 재료를 넣은 후 무가 반투명해질 때까지 익힌다.

5 삼치를 넣고 양념이 자작하게 남을 때까지 조린다.

3

감자채볶음

재료

감자 1개
양파 1/4개
당근 1/8개
소금 약간
통깨 약간
식용유 약간

만들기

1 감자, 양파, 당근은 가늘게 채 썬다.

2 끓는 물에 감자, 소금을 넣고 센 불에서 1분간 익힌 후 물기를 뺀다.

3 달군 팬에 식용유를 두르고 감자, 양파, 당근을 볶다가 소금, 통깨를 넣는다.

밥 + 닭곰탕
참치두부조림 + 오이깨무침

여름만 되면 유독 땀도 많고 기운을 못 차리는 아이들이 있죠. 이 식판식은 여름 몸보신 식단으로 추천해요. 진한 닭곰탕에 제철 맞아 수분 가득한 오이무침을 곁들여 먹으면 기운이 불끈 날 거예요.

닭곰탕

재료

닭 1마리(530g)
느타리버섯 1줌
무(두께 5cm) 1/2토막
소금 약간

국물

대파 10cm 3대
양파 1/2개
마늘 5쪽
물 5컵

냠냠 TIP

아이가 24개월 이하거나 깔끔하게 끓이고 싶다면 닭의 껍질을 벗겨도 좋아요.

만들기

1 무는 채 썰고, 느타리버섯은 결대로 찢는다.

2 닭은 깨끗이 씻은 후 목, 날개 끝, 꼬리 부분의 지방을 제거한다.

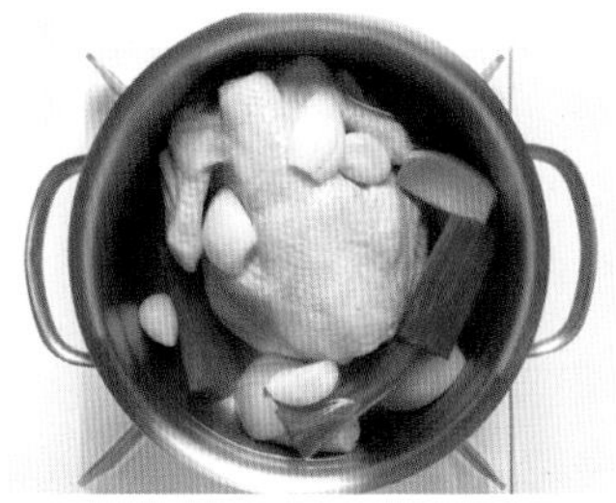

3 냄비에 국물 재료를 넣고 끓어오르면 닭을 넣고 센 불에서 30분간 삶는다.

4 건더기를 모두 건져내고 닭고기는 결대로 찢는다.

5 ③의 국물에 닭고기, 느타리버섯, 무, 소금을 넣고 10분간 끓인다.

2

참치두부조림

재료

통조림 참치 1/2캔(작은 것, 50g)

두부 1/2모(150g)

양파 1/4개

식용유 약간

양념

간장 1큰술

올리고당 1/2큰술

다진 파 1큰술

다진 마늘 약간

만들기

1 양파는 채 썰고, 참치는 체에 밭쳐 기름기를 뺀다.

2 두부는 먹기 좋은 크기로 넙적하게 썬다.

3 달군 팬에 식용유를 두르고 두부를 노릇하게 굽는다.

4 참치, 양파, 양념을 넣고 약불에서 조린다.

3

오이깨무침

재료

오이 1개
굵은 소금 1/2큰술

양념
깨소금 1/2큰술
매실액 1작은술
참기름 약간

만들기

1 오이는 반으로 썬 후 씨를 제거한다. 굵은 소금을 뿌려 20분간 절인다.
* 오이 씨는 티스푼이나 유아용 수저로 긁어내요.

2 절인 오이를 헹구고 물기를 꼭 짠 후 먹기 좋은 크기로 썬다.
* 물기를 꼭 짜야 싱거워지지 않아요.

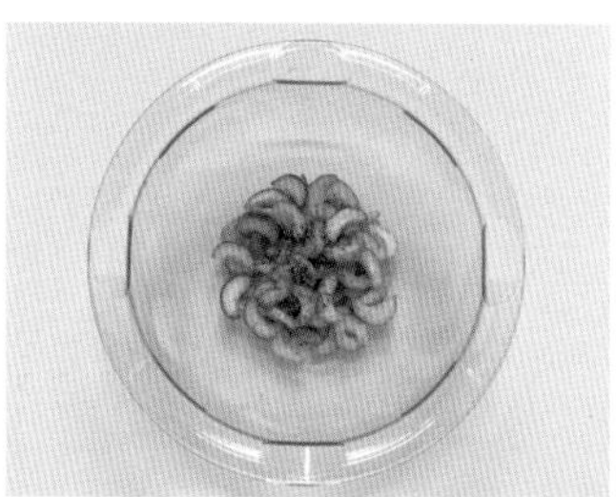

3 볼에 오이, 양념 재료를 넣고 무친다.

밥 + 오징어국 메추리알케첩조림 + 파프리카잡채

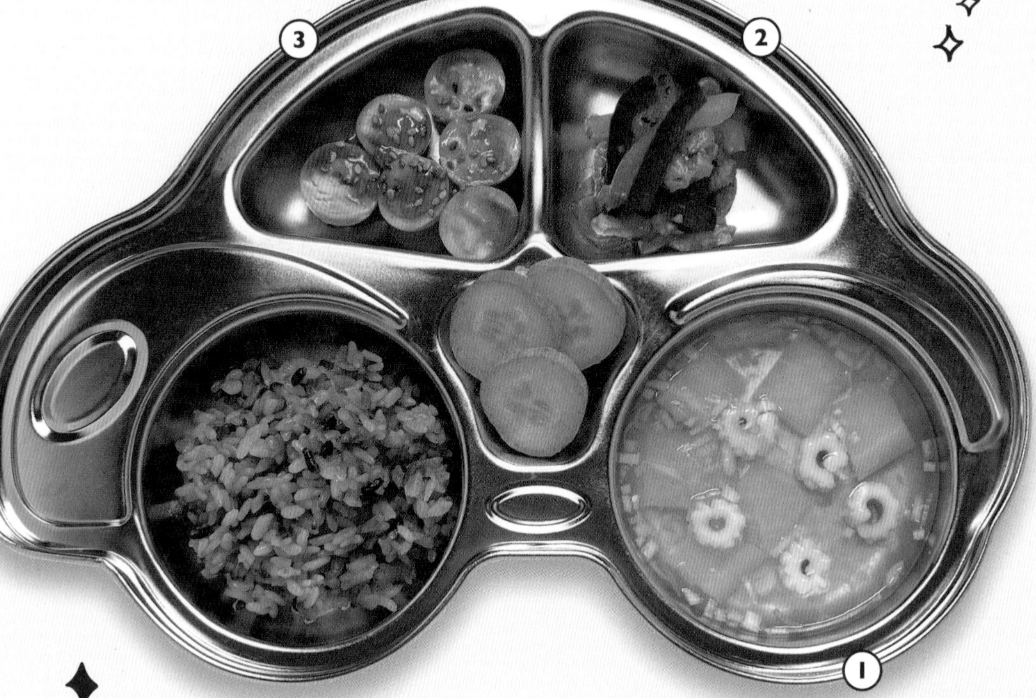

개운한 맛이 좋은 오징어국과 간장 대신 토마토케첩으로 새콤하게 조린 메추리알은 어린이집 인기 만점 메뉴예요. 파프리카잡채는 중국 요리인 고추잡채처럼 당면 없이 파프리카와 돼지고기만으로 건강하게 만들었답니다.

오징어국

재료

손질 오징어 1마리(몸통, 100g)
무(두께 2cm) 1토막
다진 파 1작은술
다진 마늘 1/2작은술
멸치다시마육수(25쪽) 3컵
국간장 1/2작은술
소금 약간

만들기

1 무는 나박 썰고, 오징어는 껍질을 벗긴 후 먹기 좋은 크기로 썬다.

* 오징어를 썰기 전에 칼집을 넣으면 익으면서 예쁘게 말려요.

2 냄비에 멸치다시마육수, 무를 넣고 5분간 끓인다.

3 무가 반투명해지면 오징어, 다진 마늘을 넣고 끓인다.

4 오징어가 하얗게 익으면 다진 파, 국간장, 소금을 넣는다.

어른용으로 만들기

고춧가루 1/2작은술을 추가해요.

2

메추리알케첩조림

재료

삶은 메추리알 20개

양념

토마토케첩 1큰술

올리고당 1/2큰술

간장 1작은술

물 2/3컵

다진 마늘 약간

만들기

1 삶은 메추리알은 끓는 물에 살짝 데친다.

2 냄비에 양념 재료를 넣고 끓인다.

3 양념이 끓어오르면 메추리알을 넣고 약불에서 5분간 조린다.

냠냠 TIP

메추리알을 직접 삶을 경우는 끓는 물에 메추리알, 식초와 소금을 약간씩 넣고 7분간 삶은 후 찬물에 넣어 껍질을 벗겨요.

파프리카잡채

재료

돼지고기 잡채용 120g
파프리카 1개
양파 1/3개
참기름 1큰술
통깨 약간
식용유 약간

밑간

맛술 1/2큰술
다진 마늘 1작은술
후춧가루 약간

양념

간장 1/2큰술
굴소스 1작은술(생략 가능)
올리고당 1작은술

만들기

1 양파, 파프리카는 채 썰고, 돼지고기는 밑간 재료와 섞는다.

2 달군 팬에 식용유를 두르고 돼지고기를 볶는다.

3 돼지고기의 겉면이 익으면 양파, 양념 재료를 넣고 볶는다.

4 양파가 투명하게 익으면 파프리카를 넣고 센 불에서 볶는다.

5 불을 끄고 참기름, 통깨를 넣는다.

밥 + 건새우아욱국
삼치카레구이 + 연근조림 + 김치

건새우와 아욱은 부족한 영양소를 서로 보완해주는 좋은 짝꿍이랍니다. 아이가 비린내 때문에 생선을 안 먹는다면 카레가루를 이용해 보세요. 향긋한 카레향이 비린내를 싹 잡아주고 맛도 좋아져요.

1

건새우아욱국

재료

아욱 1줌
건새우 1큰술
된장 1큰술
다진 마늘 1/2작은술
쌀뜨물 3컵

만들기

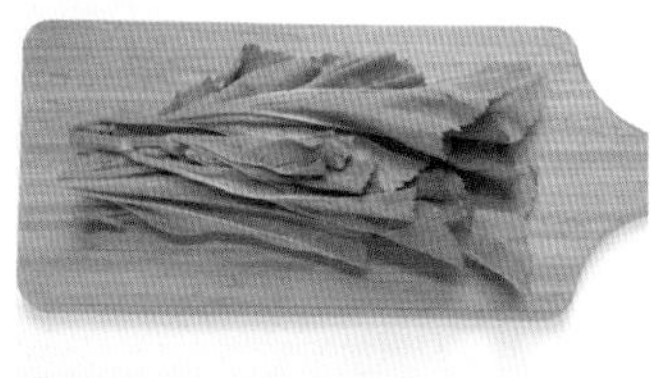

1 아욱은 줄기의 겁질을 벗기고 주물러 씻는다.
* 풋내가 나기 쉬우므로 주물러 씻어요.

2 쌀뜨물에 된장을 체에 밭쳐 푼다.

3 아욱을 넣고 잎이 누렇게 될 때까지 충분히 끓인다.

4 건새우, 다진 마늘을 넣고 한소끔 끓인다.

냠냠 TIP

아이가 24개월 이하라면 아욱의 잎 부분만 사용하세요.

2

삼치카레구이

재료

순살 삼치(10x8cm) 1토막(130g)
전분 1큰술
카레가루 1큰술
식용유 약간

만들기

1 삼치는 물기를 제거하고 한입 크기로 썬다.

* 물기를 제거해야 가루가 골고루 묻고 구울 때 기름이 튀지 않아요.

2 위생백에 삼치, 전분가루, 카레가루를 넣고 묻힌 후 살살 털어 낸다.

3 달군 팬에 식용유를 두르고 삼치를 노릇하게 굽는다.

3

연근조림

재료

연근(길이 8cm) 1토막
올리고당 2큰술
참기름 1작은술
식초 약간
통깨 약간

양념

간장 3큰술
설탕 1큰술
다시마 우린 물 2컵

만들기

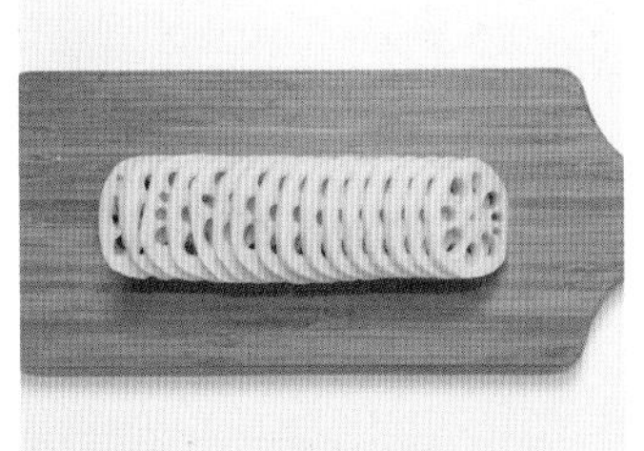

1 연근은 필러로 껍질을 벗긴 후 0.5cm 두께로 썬다.

2 끓는 물에 연근, 식초를 넣고 센 불에서 7분간 삶는다.

3 냄비에 연근, 양념 재료를 넣고 양념이 골고루 배도록 섞어가며 끓인다.

4 양념이 약간 남으면 올리고당을 넣고 약불에서 섞어가며 조린다. 참기름, 통깨를 넣는다.

DAILY

밥
쇠고기폭찹 + 취나물볶음

① ②

새콤 달콤한 소스로 조린 쇠고기폭찹과 향긋한 취나물볶음으로 채운 식판이에요. 쇠고기폭찹에는 레시피에 소개된 채소 외에 버섯이나 브로콜리 등을 더해도 좋고, 사과나 파인애플 같은 과일을 더해도 별미랍니다.

쇠고기폭찹

재료

쇠고기 안심(또는 등심) 180g
파프리카 1개
양파 1/4개

밑간

다진 마늘 1/2큰술
후춧가루 약간
올리브유 약간

소스

토마토케첩 1큰술
간장 1/2큰술
올리고당 1/2큰술
물 1/4컵

만들기

1 양파, 파프리카, 쇠고기를 한입 크기로 썬다. 쇠고기는 밑간 재료와 섞는다.

2 달군 팬에 쇠고기를 넣고 센 불에서 굽는다.

3 쇠고기 겉면이 익으면 양파, 파프리카, 소스 재료를 넣고 저어가며 조린다.

2

취나물볶음

재료

취나물 1줌
들기름 1큰술

양념

깨소금 1작은술
다진 마늘 약간
소금 약간

만들기

1 취나물은 뿌리와 억센 줄기 부분을 잘라낸다.

2 끓는 물에 취나물, 소금 약간을 넣고 센 불에서 1분간 데친 후 찬물에 헹군다.

3 물기를 짠 후 2~4등분한다.

4 볼에 취나물, 양념 재료를 넣고 무친다.

5 달군 팬에 들기름을 두르고 취나물을 30초~1분간 볶는다.

밥
간장닭갈비 + 양배추나물

부드러운 닭다리살을 이용해 닭갈비를 만들어 보세요. 달콤한 고구마와 함께 밥에 비벼 먹으면 금세 밥 한 그릇 뚝딱이랍니다. 양배추나물에 싸 먹어도 맛있어요.

1

간장닭갈비

재료

닭다리살 2쪽(180g)
고구마 1개
당근 1/6개
양배추 2장
대파(푸른 부분) 10cm
우유 1/2컵
참기름 1/2큰술
식용유 약간

양념

간장 1큰술
올리고당 1큰술
매실액 1/2큰술
굴소스 1/2큰술(생략 가능)
다진 마늘 1작은술

만들기

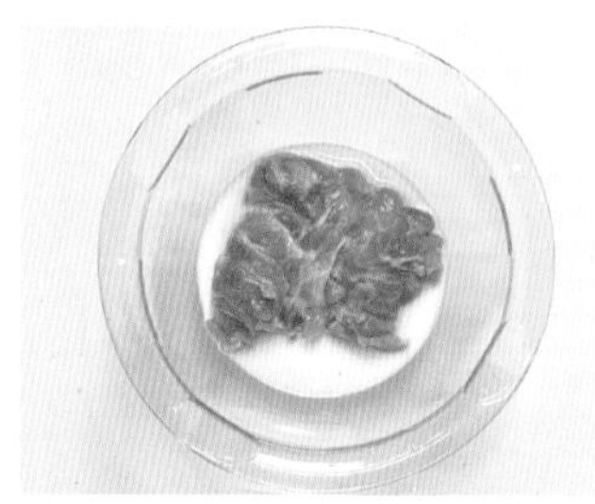

1 닭다리살은 우유에 20분간 담근다.

2 양배추, 당근, 고구마, 대파, 닭다리살을 한입 크기로 썬다.

3 달군 팬에 식용유를 두르고 닭다리살, 고구마, 당근, 양념 재료를 넣어 볶는다.

4 닭다리살이 거의 익으면 양배추, 대파, 참기름을 넣고 볶는다.

2

양배추나물

재료

양배추 1/4통
다진 마늘 1/2작은술
깨소금 1작은술
소금 약간
참기름 약간

만들기

1 양배추를 먹기 좋은 크기로 썬다.

2 끓는 물에 양배추, 소금을 넣고 3~5분간 익힌다.

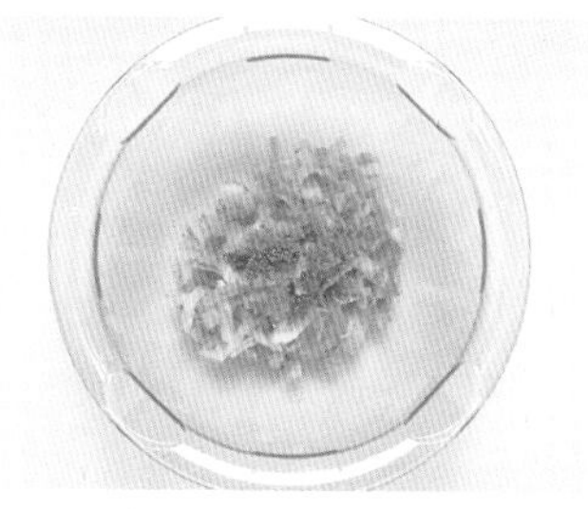

3 양배추의 물기를 꼭 짠 후 나머지 재료를 넣고 무친다.

DAILY

밥 + 청국장 치킨너겟 + 상추무침

아이들이 좋아하는 치킨너겟. 푸드프로세서나 차퍼를 사용하면 생각보다 쉽게 만들 수 있답니다. 청국장을 처음 접하는 아이라면 된장과 1:1로 섞어주세요. 익숙해지면 청국장 양을 점차 늘려 가면 됩니다.

청국장

재료

두부 1/3모(100g)
다진 돼지고기 1/3컵(50g)
배추김치 1/2컵
청국장 1/2큰술
된장 1/2큰술
다진 마늘 1/2작은술
쌀뜨물 3컵

만들기

1 두부는 한입 크기로 썰고, 배추김치는 물에 헹군 후 잘게 썬다.

2 달군 냄비에 다진 마늘, 돼지고기, 배추김치를 넣고 충분히 볶는다.

* 물을 조금씩 넣어가면서 볶으면 눌어붙지 않아요.

3 쌀뜨물을 넣고 청국장, 된장을 푼다. 두부를 넣고 센 불에서 한소끔 끓인다.

어른용으로 만들기

청국장 1/2큰술, 고춧가루 1작은술을 더해요.

2

치킨너겟

재료

닭안심 6쪽
(또는 닭가슴살 2쪽, 180g)

양파 1/4개

당근 1/10개

우유 1/2컵

달걀 1개

밀가루 2큰술

빵가루 2큰술

식용유 1/2컵

소금 약간

후춧가루 약간

만들기

1 닭안심은 힘줄을 제거한 후 우유에 20분간 담근다.

2 양파, 당근, 닭안심을 잘게 다진 후 소금, 후춧가루를 넣고 반죽한다.

3 반죽을 먹기 좋은 크기로 빚는다.

4 반죽에 밀가루 → 달걀물 → 빵가루 순서로 묻힌다.

5 달군 팬에 식용유를 넣고 노릇하게 굽는다.

냠냠 TIP

보관할 때는 과정 ④까지 진행한 후 반죽을 하나씩 랩에 감싸요. 냉동실에 넣어 두었다가 해동 없이 구워요.

3

상추무침

재료

상추 3장
국간장 1/2작은술
깨소금 1큰술
참기름 약간

만들기

1 상추는 먹기 좋은 크기로 썬다.

2 볼에 모든 재료를 넣고 살살 무친다.

* 손이 많이 닿으면 물러지기 쉬우니 빠르게 무쳐요.

어른용으로 만들기

기호에 맞게 고춧가루, 매실액을 더해요.

DAILY

밥 + 맑은육개장 브로콜리어묵볶음 + 콩나물무침

반찬에 비해 아이들이 먹을 만한 국은 더 한정적이지요. 하지만 양념을 조금만 바꾸면 어떤 국이든 아이용으로 만들 수 있습니다. 간장과 액젓으로 맛을 낸 맑은육개장에 어묵볶음, 콩나물무침을 더해 든든한 한 끼를 챙겨 주세요.

맑은육개장

 재료

쇠고기 양지 80g
무(두께 5cm) 1/2토막
느타리버섯 1줌
숙주 1줌
삶은 고사리 1/2줌
참기름 1큰술
다진 파 1큰술
다진 마늘 1작은술
국간장 1/2큰술
멸치액젓 1/2큰술
물 5컵

 어른용으로 만들기

마지막에 고추기름을 더하거나 청양 고추를 송송 썰어 넣어요.

 만들기

1 무는 채 썰고, 쇠고기는 핏물을 제거한 후 한입 크기로 썬다.

2 고사리, 숙주는 먹기 좋은 크기로 썰고 느타리버섯은 결대로 찢는다.

3 달군 냄비에 참기름을 두르고 다진 마늘, 쇠고기, 무를 볶는다.

4 쇠고기 겉면이 익으면 물, 느타리버섯, 고사리를 넣고 20분간 끓인다.

5 숙주, 다진 파, 국간장, 멸치액젓을 넣고 한소끔 끓인다.

2

브로콜리어묵볶음

재료

볼어묵 1과 1/2컵(120g)
브로콜리 1/4개
양파 1/4개
당근 1/8개
다진 마늘 1작은술
간장 1큰술
올리고당 1/2큰술
식용유 약간
참기름 약간
통깨 약간

만들기

1 끓는 물에 어묵, 브로콜리를 살짝 데친다.

2 양파, 당근은 먹기 좋은 크기로 썬다.

3 달군 팬에 식용유를 두르고 다진 마늘을 볶는다.

4 어묵, 브로콜리, 양파, 당근, 간장, 올리고당을 넣고 볶는다.

5 채소가 다 익으면 참기름, 통깨를 넣는다.

3

콩나물무침

재료

콩나물 2줌

양념

다진 파 1큰술

참기름 1/2큰술

깨소금 1작은술

소금 약간

만들기

1 콩나물은 지저분한 끝부분을 떼어낸다.

2 끓는 물에 콩나물, 소금 약간을 넣고 센 불에서 2분간 익힌다.

* 콩나물은 뚜껑을 열고 익혀야 비린내가 나지 않아요.

3 한 김 식힌 후 2~4등분한다.

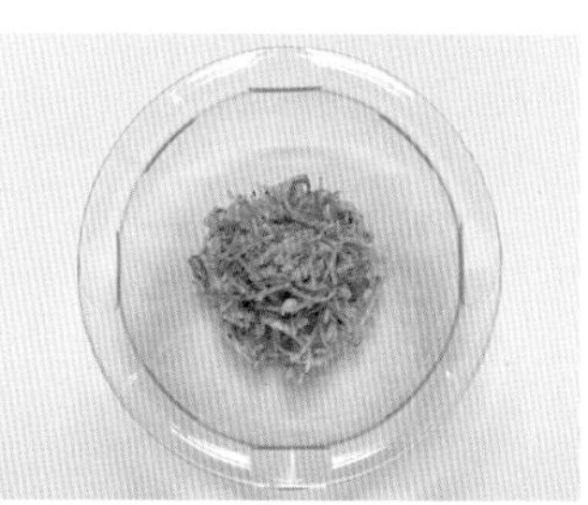

4 볼에 콩나물, 양념 재료를 넣고 무친다.

 어른용으로 만들기

고춧가루 1/2작은술을 추가해요.

DAILY

밥 + 콩나물북엇국
동그랑땡 + 진미채볶음 + 김치

③ ② ①

해장국의 대명사 콩나물북엇국은 단백질과 필수아미노산이 풍부해 아이들 국으로도 좋아요. 진미채볶음에는 마요네즈를 더해 더욱 부드럽고 고소하답니다.

콩나물북엇국

재료

콩나물 1줌
북어채 1컵
북어채 불린 물 3컵
들기름 1작은술
다진 마늘 약간
다진 파 약간
새우젓 약간

만들기

1 북어채는 미지근한 물 3컵에 10분간 불린다. 물기를 짠 후 먹기 좋은 크기로 썬다.
* 북어채 불린 물은 육수로 사용해요.

2 냄비에 들기름을 두르고 다진 마늘, 북어채를 약불에서 볶는다.

3 ①의 북어채 불린 물을 넣고 끓어오르면 콩나물, 다진 파, 새우젓을 넣고 한소끔 끓인다.

어른용으로 만들기

송송 썬 청양고추를 더해요.

동그랑땡

재료

다진 돼지고기 80g

두부 1/3모(100g)

모둠 채소 2/3컵
(양파, 당근, 부추 등)

달걀 1개

밀가루 1큰술

소금 약간

식용유 약간

밑간

맛술 1/2큰술

다진 마늘 1작은술

후춧가루 약간

만들기

1 돼지고기는 핏물을 제거한 후 밑간 재료와 섞는다. 채소는 잘게 다진다.

2 두부는 면포에 싸서 물기를 짠 후 으깬다.

3 볼에 돼지고기, 두부, 채소, 소금을 넣고 치대면서 섞는다.

4 반죽을 12등분한 후 둥글넓적하게 빚는다. 밀가루 → 달걀물 순으로 묻힌다.

5 달군 팬에 식용유를 두르고 ④를 올려 노릇하게 굽는다.

냠냠 TIP

보관할 때는 과정 ④까지 진행한 후 반죽을 하나씩 랩에 감싸요. 냉동실에 넣어 두었다가 해동 없이 구워요.

진미채볶음

재료

진미채 1과 1/2컵(80g)
검은깨 약간

양념

간장 1큰술
마요네즈 1/2큰술
올리고당 1/2큰술
맛술 1/2큰술

만들기

1 진미채는 미지근한 물에 10분간 불린다. 물기를 짠 후 2~4등분한다.

* 물에 담그면 짠맛이 빠지고 부드러워져요.

2 진미채에 양념 재료를 넣고 버무린다.

3 달군 팬에 진미채를 넣고 약불에서 볶는다.

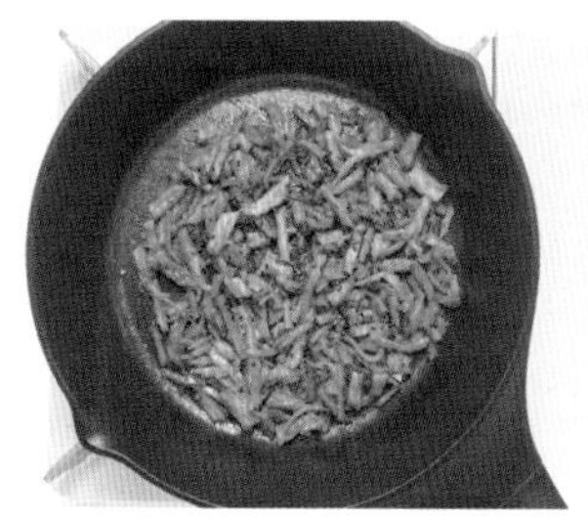

4 검은깨를 넣고 섞는다.

어른용으로 만들기

고추장 1/2작은술을 넣고 볶아요. 올리고당을 추가해도 좋아요.

밥 + 감잣국
닭안심조림 + 깻잎순볶음

①
②
③

영유아 빈혈로 고민인 부모님들이 많죠. 이번 식판은 철분 가득 빈혈 예방 식단입니다. 철분은 육류, 달걀 등 동물성 식품에 많이 들어있는데, 감자와 깻잎순 또한 의외로 철분이 풍부한 식품이랍니다. 빈혈이 있다면 더 자주 챙겨 주세요!

감잣국

재료

감자 1개
양파 1/4개
다진 마늘 1/2작은술
다진 파 1작은술
국간장 1/2작은술
멸치다시마육수(25쪽) 3컵
소금 약간

만들기

1 감자, 양파는 한입 크기로 썬다.

2 멸치다시마육수가 끓어오르면 감자, 양파, 다진 마늘, 국간장을 넣고 5분간 끓인다.

3 감자가 반투명해지면 다진 파, 소금을 넣는다.

2

닭안심조림

재료

닭안심 6쪽
(또는 닭가슴살 2쪽, 180g)

국물

양파 1/4개

대파 10cm 2대

마늘 5쪽

물 2컵

양념

간장 3큰술

올리고당 1큰술

맛술 1/2큰술

만들기

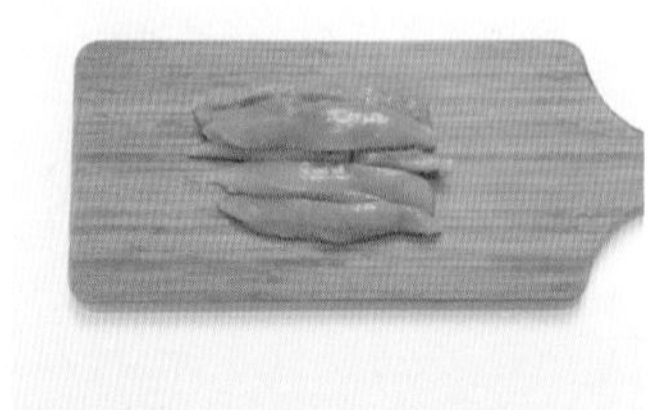

1 닭안심은 힘줄을 제거한다.

2 냄비에 닭안심, 국물 재료를 넣고 끓어오르면 센 불에서 10~15분간 삶는다.

3 건더기를 모두 건져낸 후 닭안심은 결대로 찢는다.

4 냄비에 ②의 국물 1/2컵, 닭안심, 양념 재료를 넣고 국물이 남지 않을 때까지 조린다.

3

깻잎순볶음

재료

깻잎순 1봉(180g)
소금 1작은술
깨소금 1작은술

양념

들기름 1큰술
국간장 1/2큰술
다진 마늘 1작은술

만들기

1 깻잎순의 줄기 끝 억센 부분을 제거한다. 끓는 물에 소금과 함께 넣고 센 불에서 10초간 데친다.

2 찬물에 헹구고 물기를 꼭 짠 후 2~4등분한다.

3 깻잎순에 양념 재료를 넣고 무친다.

4 달군 팬에 깻잎순을 넣고 약불에서 30초간 볶은 후 깨소금을 넣는다.

* 오래 볶으면 질겨지므로 빠르게 볶아요.

DAILY

밥
쇠고기숙주볶음 + 시금치나물

불고기와 비슷한 듯 다른 고기 반찬이에요. 간장과 참기름으로 맛을 내 담백하고 고소한 맛이 특징이랍니다. 숙주와 시금치는 오래 익히면 식감이 좋지 않으니 주의하세요.

1

쇠고기숙주볶음

재료

쇠고기 불고기용 100g
숙주 1줌
양파 1/4개
다진 마늘 1/2큰술
간장 1큰술
참기름 1작은술
후춧가루 약간
식용유 약간

만들기

1 쇠고기의 핏물을 제거한다. 숙주, 양파, 쇠고기를 먹기 좋은 크기로 썬다.

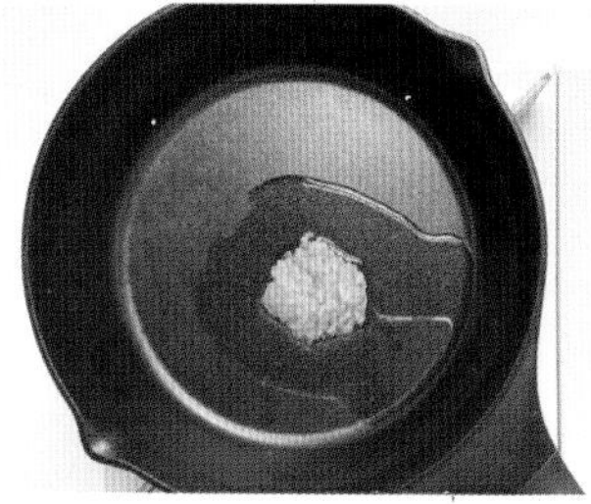

2 달군 팬에 식용유를 두르고 다진 마늘을 볶는다.

3 쇠고기, 양파, 간장, 후춧가루를 넣고 볶는다.

4 쇠고기 겉면이 익으면 숙주, 참기름을 넣고 30초~1분간 볶는다.

* 오래 볶으면 수분이 빠져 아삭한 식감이 사라지고 질겨져요.

2

시금치나물

재료

시금치 2줌

양념

참기름 1큰술

다진 마늘 1작은술

깨소금 1작은술

소금 약간

만들기

1 시금치의 뿌리 부분을 다듬는다.

2 끓는 물에 시금치, 소금 약간을 넣고 30초간 데친다.

* 오래 데치면 흐물거리고 식감이 좋지 않아요.

3 찬물에 헹구고 물기를 꼭 짠 후 2~4등분한다.

4 볼에 시금치, 양념 재료를 넣고 무친다.

DAILY

밥
오징어볶음 + 브로콜리깨무침

아이가 요즘 부쩍 피곤해하고 아침에 잘 일어나지 못한다면 이 식단을 추천해요. 오징어에는 피로 회복을 돕는 타우린이 많이 들어 있어 활력 충전에 최고랍니다. 오징어에 부족한 비타민 C는 브로콜리가 책임질 거예요.

오징어볶음

재료

손질 오징어 1마리(몸통, 100g)
양파 1/4개
애호박 1/5개
당근 1/5개
대파(푸른 부분) 10cm
참기름 1큰술
통깨 약간
식용유 약간

양념

간장 1큰술
올리고당 1/2큰술
다진 마늘 1작은술

만들기

1 양파, 애호박, 당근은 먹기 좋은 크기로 썰고, 대파는 송송 썬다. 오징어는 껍질을 벗기고 한입 크기로 썬다.

2 달군 팬에 식용유를 두르고 대파를 볶는다.

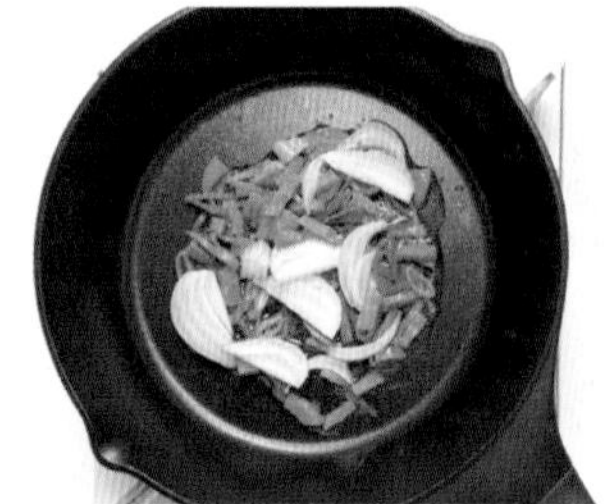

3 양파, 당근을 넣고 양파가 반투명해질 때까지 볶는다.

4 오징어, 애호박, 양념을 넣고 센 불에서 볶는다. 오징어가 익으면 참기름, 통깨를 넣는다.
* 오래 볶으면 질겨져요.

 어른용으로 만들기

고춧가루 1큰술, 올리고당 1큰술을 더해요.

2

브로콜리깨무침

재료

브로콜리 1/2개

양념

깨소금 1큰술

참기름 1/2큰술

소금 약간

만들기

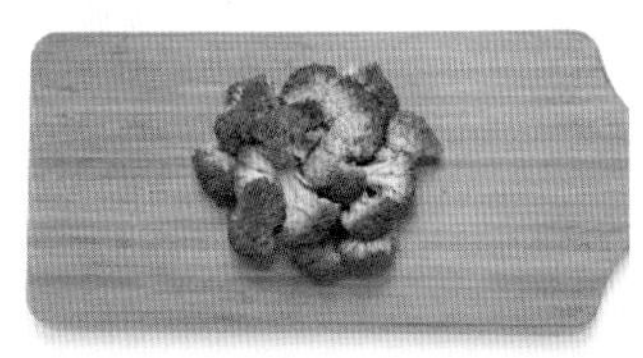

1 브로콜리는 한입 크기로 썬다.

2 끓는 물에 브로콜리, 소금 약간을 넣고 센 불에서 1분간 익힌 후 물기를 뺀다.

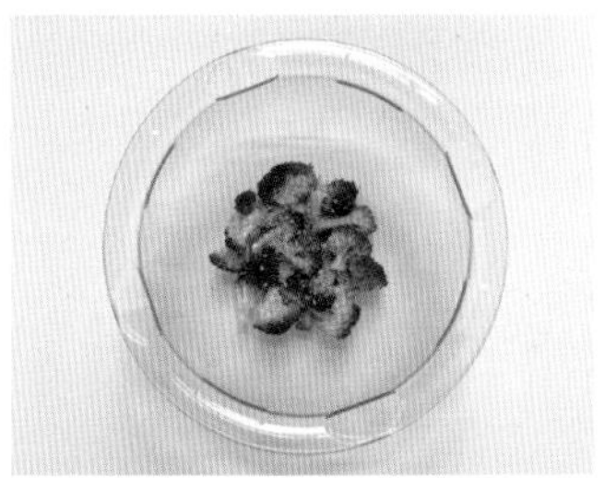

3 볼에 브로콜리, 양념 재료를 넣고 무친다.

DAILY

밥 + 쇠고기미역국 동태살전 + 감자조림 + 김치

①
②
③

미역에는 요오드, 망간, 마그네슘, 칼슘 등의 무기질이 풍부하게 들어 있어요. 특히 성장에 중요한 영향을 미치는 요오드의 주 공급원이지요. 반찬으로 먹이기는 쉽지 않으므로 국으로 자주 만들어 주세요.

쇠고기미역국

재료

쇠고기 양지 80g
자른 미역 2/3컵
다진 마늘 1/2작은술
참기름 1큰술
멸치액젓 1/2큰술
물 3컵
소금 약간

만들기

1 미역은 10분간 불리고, 쇠고기는 핏물을 제거한 후 먹기 좋은 크기로 썬다.

2 달군 냄비에 참기름을 두르고 다진 마늘, 쇠고기, 미역을 넣고 볶는다.

3 쇠고기의 겉면이 익으면 물을 넣고 20분간 끓인 후 멸치액젓, 소금을 넣는다.

2

동태살전

재료

동태포 4쪽(120g)
달걀 1개
부침가루(또는 밀가루) 1큰술
식용유 약간

밑간
소금 약간
후춧가루 약간

만들기

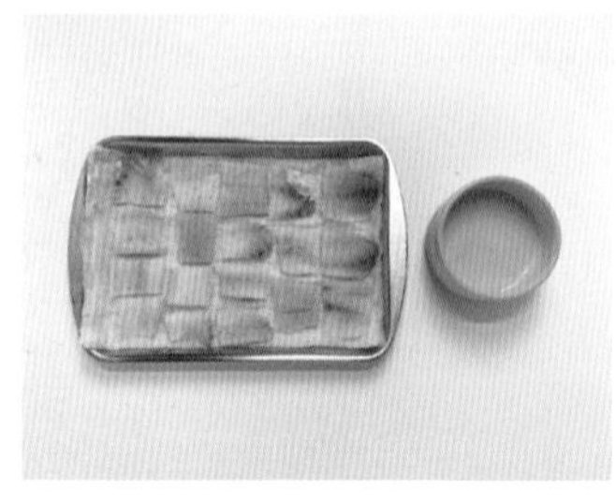

1 동태포는 물기를 제거하고 먹기 좋은 크기로 썬 후 밑간 한다. 달걀을 푼다.

2 위생백에 부침가루, 동태포를 넣고 묻힌 후 살살 털어낸다.

3 ②에 달걀물을 입힌다.

4 달군 팬에 식용유를 두르고 동태전을 노릇하게 굽는다.

어른용으로 만들기

간장 2큰술, 고춧가루 1작은술, 식초 1/2작은술을 섞어 양념장을 만들어요.

감자조림

재료

감자 2개
참기름 1작은술
통깨 약간
식용유 약간

양념

간장 2큰술
올리고당 1큰술
물 1/2컵

만들기

1 감자를 한입 크기로 깍둑 썬다.

2 끓는 물에 감자, 소금 약간을 넣고 센 불에서 30초간 데친다.

3 달군 팬에 식용유를 두르고 감자를 넣어 1~2분간 볶는다.

4 양념 재료를 넣고 양념이 거의 없어질 때까지 약불에서 조린다.

5 참기름과 통깨를 넣는다.

밥 + 동태탕
참치채소전 + 느타리버섯무침

어렵게만 느껴지는 동태탕. 동태포를 이용하면 담백하고 시원한 맛의 동태탕을 아주 손쉽게 만들 수 있어요. 가시가 없어 아이들 먹기에도 좋고요. 쫄깃한 느타리버섯무침과 고소한 참치채소전을 곁들여 식판을 완성해 보세요.

동태탕

재료

동태포 2쪽(또는 손질 동태, 70g)
무(두께 2cm) 1토막
두부 1/2모(150g)
콩나물 1줌
멸치다시마육수(25쪽) 3컵
다진 마늘 1/2작은술
국간장 약간
소금 약간

만들기

1 무는 나박 썰고, 두부와 동태포는 한입 크기로 썬다.

2 냄비에 멸치다시마육수, 무를 넣고 5분간 끓인다.

3 무가 반투명해지면 동태포를 넣고 한소끔 끓인다.

4 다진 마늘, 두부, 콩나물, 국간장, 소금을 넣고 한소끔 끓인다.

어른용으로 만들기

쑥갓, 청양고추를 기호에 따라 더해요.

참치채소전

재료

통조림 참치 1캔(작은 것, 100g)

모둠 채소(양파, 당근, 부추 등) 2/3컵

달걀 1개

밀가루 3큰술

소금 약간

식용유 약간

만들기

1 채소는 잘게 다지고, 참치는 체에 밭쳐 기름기를 뺀다.

2 볼에 참치, 채소, 달걀, 밀가루, 소금을 넣고 골고루 섞는다.

3 달군 팬에 식용유를 두르고 반죽을 적당한 크기로 떠 넣어 노릇하게 굽는다.

3

느타리버섯무침

재료

느타리버섯 4줌
다진 파 1큰술
참기름 1/2큰술
깨소금 1작은술
다진 마늘 1/2작은술
소금 약간

만들기

1 느타리버섯은 결대로 가늘게 찢는다.

2 끓는 물에 느타리버섯을 넣고 센 불에서 10초간 데친다. 찬물에 헹군 후 물기를 꼭 짠다.

* 물기를 꼭 짜야 쫄깃한 식감을 살릴 수 있어요.

3 볼에 모든 재료를 넣고 무친다.

 어른용으로 만들기

어슷 썬 청양고추를 넣고 무쳐요.

밥 + 부추달걀국
돈사태찜 + 사과오이무침

돼지고기 사태는 다리 쪽에 있는 부위로, 기름기가 적어 담백하고 쫄깃한 것이 특징입니다. 갈비찜처럼 간장 양념에 푹 익히면 뼈가 없어 아이 반찬으로 좋아요. 돈사태찜이 조금 번거로울 수 있으니 나머지는 간단한 메뉴로 구성했어요.

부추달걀국

재료

부추 3줄기
달걀 1개
다진 마늘 1/2작은술
국간장 1/2작은술
멸치다시마육수(25쪽) 2컵
소금 약간

만들기

1 부추는 송송 썰고, 달걀은 소금을 넣어 푼다.

2 멸치다시마육수가 끓어오르면 달걀물, 다진 마늘, 국간장을 넣고 3분간 끓인다.

3 부추, 소금을 넣고 한소끔 끓인다.

2

돈사태찜

재료

돼지고기 사태 600g
무(두께 3cm) 1토막
양파 1/2개
당근 1/4개
배 1/4개

양념

물 1/2컵
간장 3큰술
올리고당 1큰술
맛술 1큰술
다진 마늘 1/2큰술
참기름 1/2큰술
후춧가루 약간

만들기

1 돼지고기는 물에 30분간 담가 핏물을 뺀 후 먹기 좋은 크기로 썬다.

2 배는 믹서에 간 후 양념 재료와 섞는다. 돼지고기를 양념에 넣고 1시간 이상 재운다.

3 무, 당근, 양파는 먹기 좋은 크기로 썬다.

4 냄비에 ②를 넣고 익힌다.

5 돼지고기가 익으면 무, 당근, 양파를 넣고 약불에서 10분간 익힌다.

3

사과오이무침

재료

사과 1/4개

오이 1개

식초 1/2작은술

매실액 1작은술

참기름 약간

깨소금 약간

소금 약간

만들기

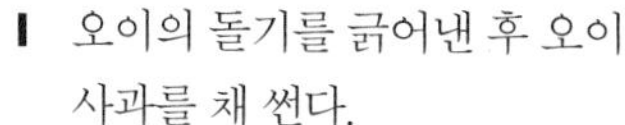

1 오이의 돌기를 긁어낸 후 오이, 사과를 채 썬다.

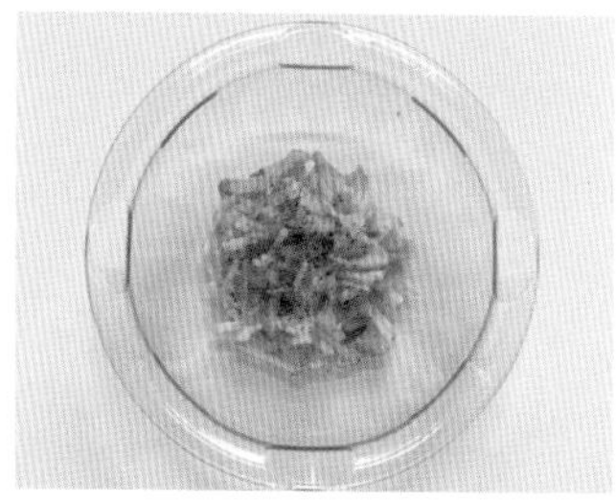

2 볼에 모든 재료를 넣고 무친다.

활동량이 많은 성장기 아이들은 부족한 열량과
영양소를 채워줄 간식이 꼭 필요해요. 밥을 잘 안 먹는 아이라면 더욱 그렇지요.
반대로 잘 먹는 아이들은 간식이 과해지면 소아 비만으로 연결될 수 있기에
아이 상황에 맞춰 챙겨 주는 것이 중요합니다.
이번 파트에서는 초간단 간식부터 식사 대용으로도 좋은 든든 간식까지
다양한 간식을 소개해요.

PART 6

엄마표 정성 가득
간식 식판식

SNACK

프렌치토스트

부드러운 식감이 매력적인 프렌치토스트입니다. 만들기도 간단하고 든든해서 아침 식사로도 손색없지요. 메이플 시럽, 잼, 설탕을 뿌리거나 과일, 견과류 등을 올려도 좋아요.

재료

식빵 2장
우유 1/2컵
달걀 1개
무염 버터 약간

만들기

1 식빵은 가장자리를 잘라낸 후 4등분한다.

2 볼에 달걀을 푼 후 우유를 넣고 섞는다.

3 식빵을 넣고 담가 충분히 흡수시킨다.

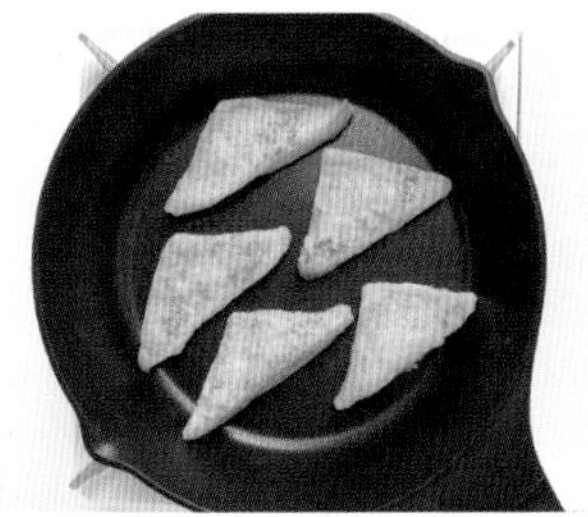

4 달군 팬에 버터를 녹인 후 식빵을 올려 굽는다.

통감자구이

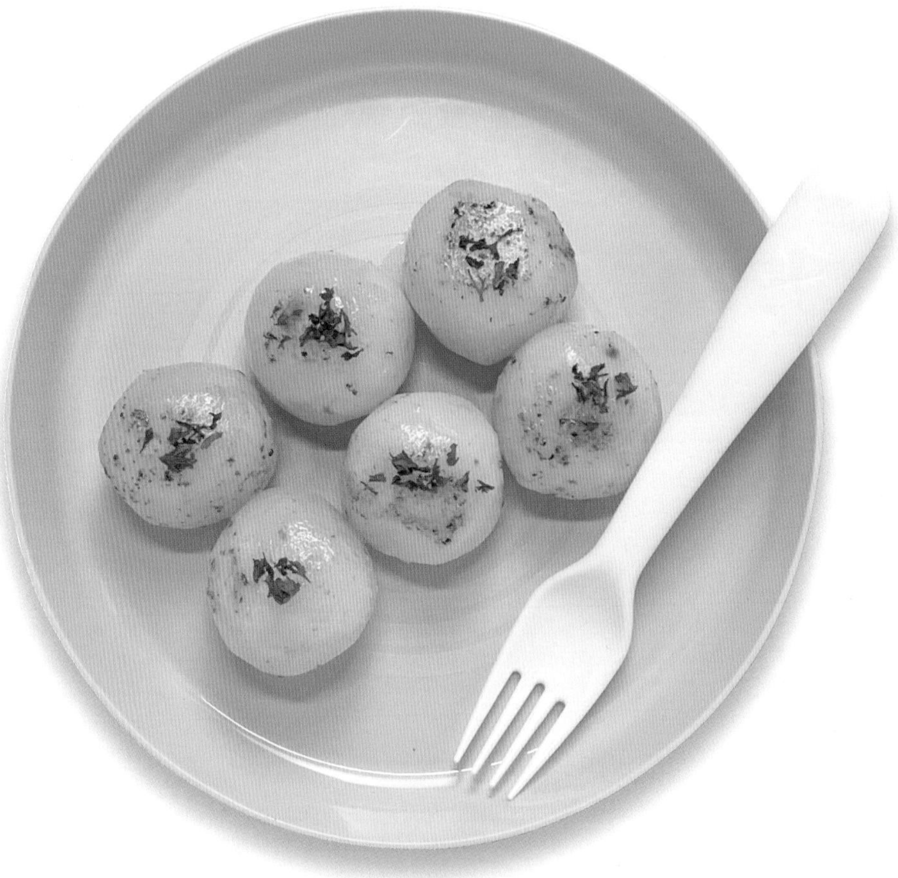

감자는 흔히 탄수화물 식품으로 생각하지만, 사실 사과보다 2~3배 많은 비타민 C를 가지고 있어요. 게다가 감자의 비타민 C는 열을 가해도 쉽게 파괴되지 않는다는 사실! 맛있는 통감자구이로 비타민 C 충전하세요.

재료

알감자 6개
설탕 1작은술
무염 버터 1작은술
소금 약간

만들기

1 감자는 필러로 껍질을 벗긴다.

2 끓는 물에 소금, 감자를 넣고 5~7분간 삶은 후 한 김 식힌다.
* 식혀야 구울 때 부서지지 않아요.

3 달군 팬에 버터를 녹인 후 감자를 넣어 굴려가며 굽는다. 마지막에 설탕을 뿌린다.

과일화채

여름이면 음료를 입에 달고 사는 아이들이 많지요. 기왕이면 시판 음료 말고, 영양을 더한 엄마표 과일화채를 만들어 주세요. 과일은 어떤 것이라도 좋습니다. 우유만 있다면 뚝딱 만들 수 있어요.

재료

모둠 과일 2컵
딸기우유(또는 우유) 1컵
탄산수 1/2컵
얼음 적당량

만들기

1 과일은 껍질과 씨를 제거한 후 한입 크기로 썬다.

2 볼에 모든 재료를 넣는다.

냠냠 TIP

흰 우유를 사용할 경우 꿀이나 연유를 조금 더해도 좋아요.

SNACK

당근감자채전

감자채전은 감자를 갈아서 만드는 일반 감자전보다 간단하게 만들 수 있고 식감도 좋아요. 여기에 당근으로 색과 영양을 더하고, 양파로 달큼한 맛을 냈답니다. 반찬으로도 손색없어요.

재료

감자 1개
당근 1/8개
양파 1/2개
부침가루(또는 밀가루) 1/2컵
물 5큰술
소금 약간
식용유 약간

만들기

1 양파, 감자, 당근은 가늘게 채 썬다.

2 볼에 식용유를 제외한 모든 재료를 넣고 골고루 섞는다.

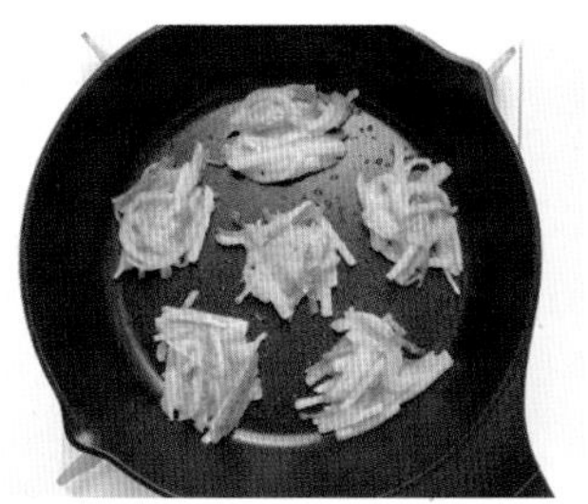

3 달군 팬에 식용유를 두르고 반죽을 떠 넣어 노릇하게 굽는다.

SNACK

햄치즈롤

소풍철만 되면 도시락 때문에 머리 아픈 분들 많죠? 간단하지만 폼나고 맛있는 샌드위치를 소개합니다. 한입에 쏙쏙 집어먹기도 편하고, 모양도 재밌어서 아이들에게 인기만점이에요.

재료

식빵 2장
슬라이스 햄 2장
아기치즈 2장
딸기잼 약간

만들기

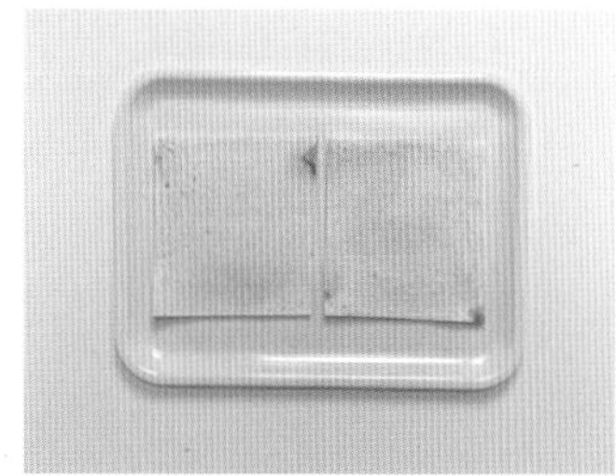

1 식빵을 밀대로 납작하게 민 후 가장자리를 잘라낸다.

2 위쪽의 2cm 정도를 남기고 딸기잼을 얇게 펴 바른다.

* 끝까지 바르면 말았을 때 잼이 밖으로 밀려 지저분해져요.

3 햄과 치즈를 아랫면에 맞춰 올리고 돌돌 만다.

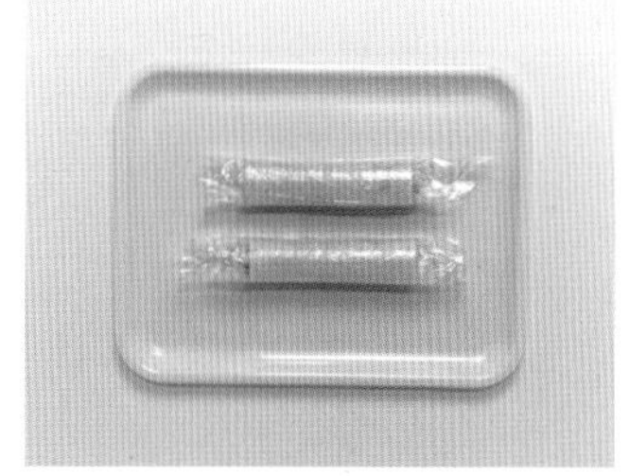

4 랩으로 감싸 고정시킨 후 냉장실에 넣는다. 15~20분 후 먹기 좋은 크기로 썬다.

SNACK

간장떡볶이

많이 뛰어논 날, 식사가 부실했던 날, 평소보다 유난히 배고파 할 때 딱 좋은 간식이에요. 냉동실에 애매하게 남은 고기가 있다면 더해 주세요. 간장떡볶이에서 궁중떡볶이로 맛있게 변신한답니다.

재료

조랭이떡 2/3컵
어묵 1장
식용유 약간
참기름 약간
검은깨 약간

양념

물 3큰술
간장 1큰술
올리고당 1/2큰술

만들기

1 조랭이떡은 찬물에 10분간 담근다. 어묵은 먹기 좋은 크기로 썬 후 체에 밭쳐 뜨거운 물을 붓는다.

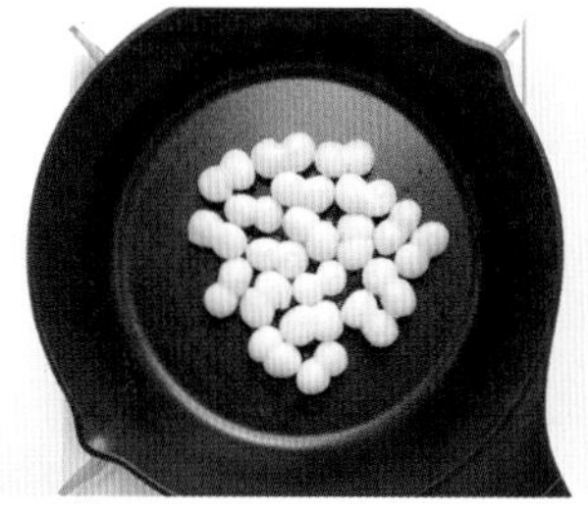

2 달군 팬에 식용유를 두르고 떡을 1분간 볶는다.

3 어묵, 양념 재료를 넣고 약불에서 조린 후 참기름, 검은깨를 넣는다.

SNACK

옥수수밥전

반찬만 집어먹고 유독 밥은 안 먹는 아이들이 있죠. 그런 아이에게 밥을 먹일 수 있는 좋은 메뉴입니다. 냉장고 속 애매하게 남은 채소와 찬밥을 활용하기에도 최고예요.

재료

밥 1과 1/2주걱(130g)
통조림 옥수수 1/2컵
달걀 1개
양파 1/5개
파프리카 1/4개
소금 약간
식용유 약간

만들기

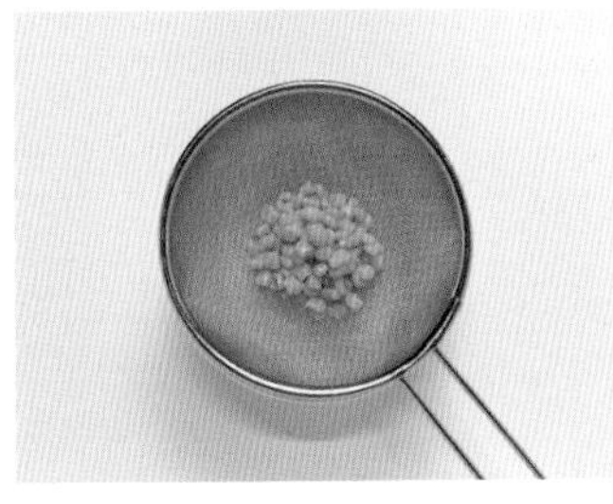

1 옥수수는 체에 밭쳐 뜨거운 물을 붓는다.

2 양파, 파프리카는 잘게 다진다.

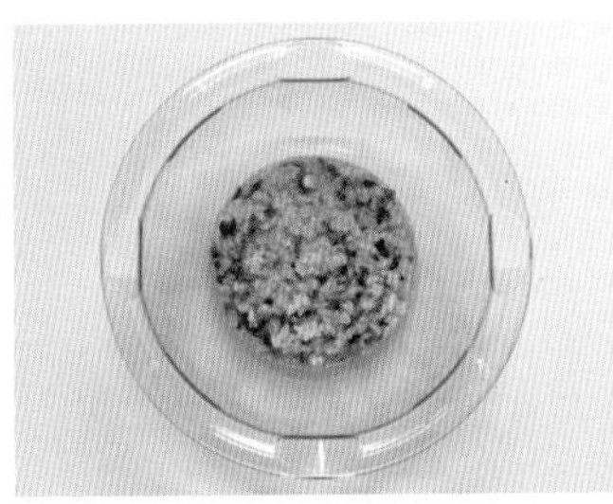

3 볼에 달걀을 푼 후 식용유를 제외한 모든 재료를 넣고 섞는다.

4 달군 팬에 식용유를 두르고 반죽을 떠 넣어 노릇하게 굽는다.

고구마맛탕

기름을 많이 사용하지 않아 담백하고 건강해요. 고구마는 특히 우유, 사과와 영양 궁합이 좋으니 식판에 함께 담아 주세요.

재료

고구마 2개
꿀(또는 올리고당) 1/2큰술
식용유 1/3컵
검은깨 약간

만들기

1 고구마는 필러로 껍질을 벗긴 후 한입 크기로 썬다.

2 팬에 식용유를 넣고 30초간 달군 후 고구마를 넣어 노릇하게 굽는다.

3 팬에 남은 식용유를 닦아낸 후 꿀, 검은깨를 넣고 섞는다.

소시지치즈김밥

일반 김밥에 비해 열 배쯤은 간단한 김밥을 소개합니다. 빠르게 만들 수 있어 간식으로 준비하기에 부담이 없어요. 아이가 어린 경우 꼬마김밥으로 만들어도 좋아요.

재료

밥 2주걱(180g)
김밥 김 2장
아기치즈 4장
프랑크 소시지 4개
참기름 1작은술
깨소금 약간

1 끓는 물에 소시지를 넣어 1분간 데친다.

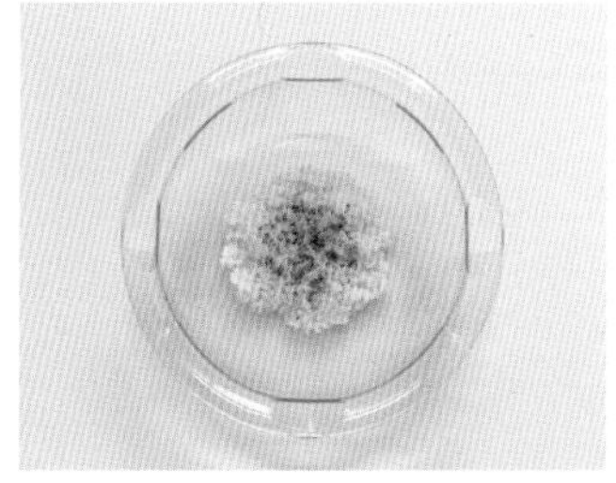

2 밥에 참기름, 깨소금을 넣고 섞는다.

3 김을 2/3 크기로 자른 후 밥을 올려 치즈 크기에 맞게 펼친다.

4 치즈, 소시지를 올린 후 돌돌 만다.

5 참기름을 바르고 한입 크기로 썬다.

냥냥 TIP

치즈를 달걀 지단으로 대체해도 좋아요. 꼬마김밥으로 만들 때는 김을 4등분한 후 크기에 맞게 재료를 썰어 넣어요.

또띠야피자

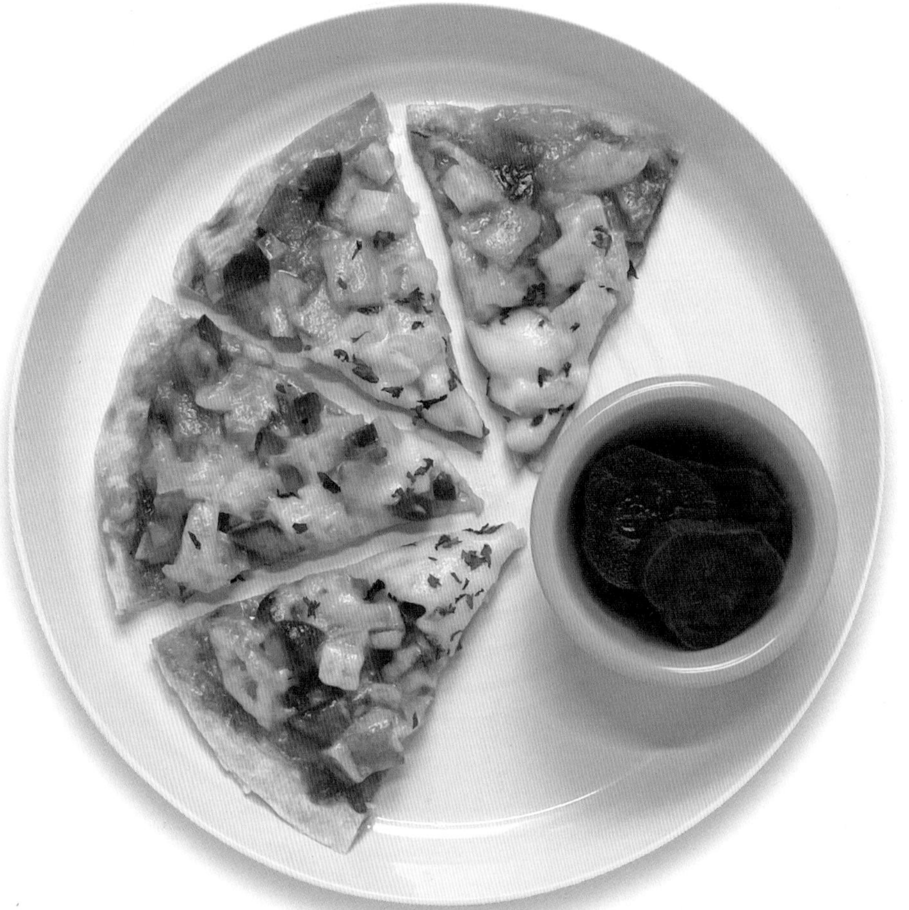

또띠야 도우와 프라이팬을 사용해 만드는 간단 피자예요. 평소 안 먹는 재료가 있다면 잘게 다져서 토핑으로 슬쩍 더해 보세요. 피자는 아이들 편식 재료 숨기기에 특히 좋은 메뉴랍니다.

재료

또띠아 1장

미니새송이버섯 3개
(또는 양송이버섯)

양파 1/4개

파프리카 1/6개

슬라이스 햄 2장

피자 치즈 1/2컵

토마토케첩 약간

만들기

1 채소와 슬라이스 햄을 먹기 좋은 크기로 썬다.

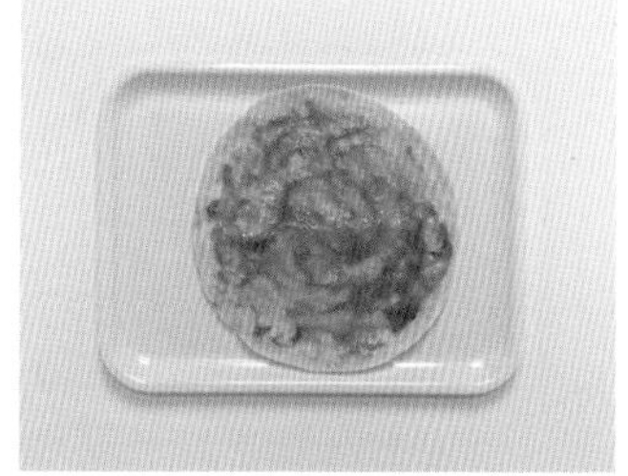

2 또띠아에 토마토케첩을 얇게 펴 바른다.

3 채소, 슬라이스 햄, 피자 치즈를 올린다.

4 달군 팬에 ③을 올린 후 뚜껑을 덮고 약불에서 1분간 굽는다.
* 뚜껑을 덮어야 치즈가 잘 녹아요.

메뉴 교환표

		변경 가능한 메뉴
밥	흰쌀밥(20쪽), 잡곡밥(21쪽), 흑미밥(21쪽), 검은콩밥(21쪽)	
김치	파프리카깍두기(22쪽), 백김치(23쪽), 비트오이피클(24쪽)	
국	채소국	팽이맑은국(108쪽), 양배추된장국(126쪽), 시금치된장국(134쪽), 애호박새우젓국(138쪽), 배추맑은국(142쪽), 건새우아욱국(158쪽), 감잣국(180쪽)
	고깃국	바지락미역국(99쪽), 쇠고기뭇국(130쪽), 닭곰탕(150쪽), 오징어국(154쪽), 맑은육개장(172쪽), 콩나물북엇국(176쪽), 쇠고기미역국(190쪽), 동태탕(194쪽)
주찬	고기류	불고기(126쪽), 간장제육볶음(138쪽), 쇠고기폭찹(162쪽), 간장닭갈비(165쪽), 치킨너겟(168쪽), 동그랑땡(176쪽), 닭안심조림(180쪽), 쇠고기숙주볶음(184쪽), 돈사태찜(198쪽)
	생선류	삼치무조림(146쪽), 삼치카레구이(158쪽), 오징어볶음(187쪽), 동태살전(190쪽)
	달걀·콩류	두부조림(130쪽), 달걀말이(134쪽), 두부스테이크(142쪽), 참치두부조림(150쪽), 메추리알케첩조림(154쪽)
부찬	생 채소	양배추사과샐러드(92쪽), 콘샐러드(112쪽), 코울슬로(115쪽), 오이깨무침(150쪽), 상추무침(168쪽), 사과오이무침(198쪽)
	익힌 채소	애호박나물(126쪽), 들깨무나물(134쪽), 숙주무침(138쪽), 연근조림(158쪽), 취나물볶음(162쪽), 양배추나물(165쪽), 콩나물무침(172쪽), 깻잎순볶음(180쪽), 시금치나물(184쪽), 브로콜리깨무침(187쪽), 느타리버섯무침(194쪽)

INDEX

• 재료별 •

• 종류별 •

식판 협찬
범킨스(www.bumkins.co.kr)

냠냠티처

유아 식판식

펴낸날 초판 1쇄 2020년 9월 1일 | 초판 3쇄 2021년 12월 25일

지은이 원세희

펴낸이 임호준
출판 팀장 정영주
편집 김유진 이상미
디자인 유채민 | **마케팅** 길보민
경영지원 나은혜 박석호 | **IT 운영팀** 표형원 이용직 김준홍 권지선

인쇄 상식문화

펴낸곳 비타북스 | **발행처** (주)헬스조선 | **출판등록** 제2-4324호 2006년 1월 12일
주소 서울특별시 중구 세종대로 21길 30 | **전화** (02) 724-7698 | **팩스** (02) 722-9339
포스트 post.naver.com/vita_books | **블로그** blog.naver.com/vita_books | **인스타그램** @vitabooks_official

ISBN 979-11-5846-337-3 13590